知识分子处世智慧

杜保瑞 著

《菜根谭》8讲

大有書局

图书在版编目（CIP）数据

知识分子处世智慧：《菜根谭》8讲 / 杜保瑞著 . 北京：大有书局，2025.5. -- ISBN 978-7-80772-214-4

Ⅰ. B825-49

中国国家版本馆 CIP 数据核字第 2025H3V674 号

书　　名　知识分子处世智慧：《菜根谭》8 讲
作　　者　杜保瑞　著

策　　划　淡　霞
责任编辑　淡　霞　吴春艳
责任校对　李盛博
责任印制　耿中虎
出版发行　大有书局
（北京市海淀区长春桥路 6 号　100089）
综 合 办　（010）68929273
发 行 部　（010）68922366
经　　销　新华书店
印　　刷　鸿博昊天科技有限公司
版　　次　2025 年 5 月第 1 版
印　　次　2025 年 5 月第 1 次印刷
开　　本　880 毫米 ×1230 毫米　1/32
印　　张　9.125
字　　数　204 千字
定　　价　39.80 元

目录

绪 论

《菜根谭》是完成于明朝的一部关于中国传统人生智慧的宝典。明朝末年的一位读书人，也是官员，洪应明，他搜罗了自古以来流传于民间的人际关系应对技巧的警语，加上自己的创作，编纂出《菜根谭》这部著作，意思是心平气和地看透人生，看透之后，找到处世的技巧。书中的文字深谙人性，揭露了世间人的种种善恶面貌，对于在职场上摸爬滚打的知识分子而言，正好是检视自己以及了解他人最好的指导老师。此书问世之后，不断在各个社会阶层间广泛流传，给有理想的知识分子提供了最佳的处世智慧。《菜根谭》的思想基础，就是传统儒道两家的人生智慧。儒家重视服务的人生观，要努力改善社会，一方面要求自己立志为人，另一方面深刻反思善恶，掌握是非。老子则深谙人际互动的规律，掌握人性善恶种种变化的原理，既追求儒家淑世的理想，又了解人性的负面心理，因此由自己的谦让做起，掌握改变世界的关键角色，创造利人利己的丰富人生。庄子则是看透了人性的丑恶，愿意放下世俗的评价，追求自己的适性逍遥。《菜根谭》正是以孔孟、老庄的思想为原理，在各种现实生活的具体场景中，展现了儒道智能的实际操作方法。

《菜根谭》是中国古代知识分子在官场上应对进退、实战演练的真实心得，文字中充满了解决尖锐问题的行为准则，是一部面临纠结复杂的人事场景的解套之书，提供了世人处理人性问题的锦囊妙计。今天学习《菜根谭》，首先会让人们的头脑立刻冷静、理性下来；让人不仅充满了理想，同时非常务实；绝不让自己身陷险境，但也不让自己沦落世俗。再则既能让人提升品位，又不让人冷傲孤高；既能让人和光同尘，又不让人低俗不堪。作为一个在职场上奋勇前进的现代人，《菜根谭》正是提升人际智慧的最佳作战宝典，可以砥砺青年追求理想的志节，可以学习分辨人性善恶的要点，可以培养练达处世的人情智巧，可以透视狡诈诡谲的人性内涵，可以洞察多变难知的人间世事，可以品味人品境界的高下，可以培养终生得益的思维习惯，可以深知家人相处的根本道理。这是因为，《菜根谭》就是中国古代知识分子处世的教战手册，是多年来中国儒道志士混迹官场的生存法则，因此也就是今日有素养的国人人生进退的指导原理。

本书为人生智慧的总宝库，共八讲，以八类主题呈现《菜根谭》的条文，包括砥砺志节、分辨善恶、人情练达、透视人性、洞察世事、品味境界、培养福德、家人相处等。

第一讲

砥砺志节

人生在世，首先就是要做一个有理想的人。这是因为，人人都想生活在美好的社会里，然而社会的好坏，并不是无因而成，一定是有人付出才会变好，也一定是有人破坏才会变坏。有理想的人，希望社会好，就愿意付出，愿意就是立志。然而，人有好胜心，急于成功，这就很可能不能坚持到底了。《菜根谭》告诫，要坚持服务的人生观不是一件容易的事，要有良好又坚毅的心理素养。“砥砺志节”这一讲，重点在培养坚定的品格，了解作为一个对社会有用的人，应该如何坚守信念以为社会服务。

1. 人生第一课

伏久者飞必高，开先者谢必早。
知此可以免蹭蹬之忧，可以消躁急之念。

人在职场上工作，需要有技能，有专业能力，有不可替代的绝对专长。人若不把自己的专长培养得够强，你的工作很容易就会被超越了。而你一边培养专长，一边想要在职场上崭露头角，这就是好胜心，也是虚荣心。实际上你准备的时间越长，投入的心血越多，付出的学习越多，你的门槛就越高，别人也就越不可能超越你。你在职场上出现的时候，你的高度就不是一般人可以企及的了，这就是"伏久者飞必高"。

反之，你太爱逞强，太爱表现，有个三斤油就要开油行，有一点点小能力就想要立刻出风头，那么，风头是出尽了，不过，想要抢你风头的人已经排成一列了，因为你会的技能大家也能做到，一旦更年轻的人物上场，你的光彩就被夺走了，这就是"开先者谢必早"。

理解了这个道理，你就知道自己的积累与等待不是没有道理的，就知道自己要沉得住气，不必焦躁，这就是"知此可以免蹭蹬之忧，可以消躁急之念"。但是，人们为什么要继续沉潜？为什么不需要立刻上场表现？毕竟人都好胜，人都爱出风头。关键是：一个人若是有理想，就会希望社会更好，就会去为社会付出，就会去提升自己的能力，此时的学习与努力是怀抱着关爱，不是为了飞高，而是为了利他，既然不是为了自己，就没有“蹭蹬之忧”，也没有“躁急之念”了。

还有，当人们已经以自己的专长在社会上崭露头角之后，人还是要继续“久伏”，还是要继续“后开”，为什么？继续“久伏”就是要继续学习，学习无止境，这样才能永葆领先。继续“后开”就是做事永远以服务为目的，不是以显耀自己为目的，这样，人们在职场上露脸的时候，就都是社会国家团体需要的时候，你的出场便是恰逢其时了。

2. 立志锻炼

欲做金精美玉的人品，定从烈火中煅来；
思立掀天揭地的事功，须向薄冰上履过。

“金精美玉”是世事看透，处事智慧，人情练达，为人表率，任何时刻任何场合都能把眼前的事情处理好，让众人心里舒坦，让人际关系平和安适。这样的人，对人性之善恶必定是认识清楚的，对人性之理想和欲望也是认识清楚的。因此，他自己也是从善恶分辨、理想贪欲的拉扯中经历过来的，所以说“定从烈火中煅来”，“烈火”就是种种得失之考验，自己都能过关，才能看透别人。但是，对于没有经历过的人而言，自己是不能处理好事情的，因此要勇于处理事情，勇于在人际纠缠中主动面对，协调别人的冲突，化解人我的恩怨，体贴他人的软弱，宽恕别人的过错，承认自己的不足，克服自己的弱点，还能积极帮助别人。这样的人，会成为众人之中的受欢迎者，有事找他说，找他办，倚靠他，团体中只要有他在，一定是和谐的；事情由他办，一定是成功的。

人际关系的世界有太多样态。中国人讲五伦，这是就家庭社会的角色而说的。佛教唯识学看到更多的人际关系的场景，人们都会进入其中，每一个场景有它特定的对待逻辑，有时要弱，有时要强，有时要温，有时要冷，有时要紧，有时要松，自己自在了，任何时刻都能让别人自在。但自己身陷其中而处在思绪纠结、贪欲炽盛之下，就不可能自在了，这些都是烈火，自我焚烧，必须懂得浇灭这些烈火，同时浇灭众人的烈火，让众人自在，不让别人难堪，这就是人品好。

人品是要在人群中作用的，人群是险恶动荡的，人性是善恶忠奸的，有勇敢的心，敢于面对它，处理它，美化它，让人群变美，这就是“金精美玉的人品”。

“掀天揭地的事功”是什么？就是能够改善众人生活的事业，而不是自己考试得第一名，自己炒股赚大钱，这些是福气，不是事功。被看作事功的事情，就不是一个人一本书一首歌一套拳一把琴能打得下来的事情，而是需要众人的配合、参与、协助、共同努力才干得下的事业。但事情的艰困尚且不止此，之所以需要改善众人的生活，就是因为众人的境遇不好，众人之所以境遇不好，就是有人在宰割，在做损人利己的事情。因此你要改善之，就是要冲撞之，既然要冲撞之，危险是必然的，所以才说“须向薄冰上履过”，薄冰踩下去一个不好就会摔进去，人际关系的危险就是稍一处理不好就会引人怀恨，从而伤害你。这些危险看在眼里，那还要不要做事呢？所以才说是“掀天揭地的事功”啊！天地就是社会的一大网罗，权臣小人肆虐的空间，想要改善它而追求众人的福祉，那就必然是要去冲撞。当然，要讲究方法技巧，老子就指出这些技巧的重点在让利，法家就说出许多术，这些都能让人趋吉避凶。但是，凶险还是必然存在的，要有智慧，更需要勇气，要敢于挑战艰难，敢于承受灾难的风险，不敢跳进去的话，什么也改变不了。

事功不是别人抬轿抬出来的，必须是自己动手操作才成就得了的。自己不敢犯难，都要别人犯难，别人用心不同，结果就不一样，一件可以完成的事情在别人操作下很可能变样了。不肯亲力亲为，懈怠畏惧，是成就不了改变社会的事业的。

3. 豪杰是怎么锻炼出来的

横逆困穷，是锻炼豪杰的一副炉锤。
能受其锻炼者，则身心交益，不受其锻炼者，则身心交损。

这句话告诉我们，当你准备好为社会所用时，却碰到非常艰困的环境，让你畏惧不前，此时，你要明白，不要怕难，越难的事情，就越能锻炼能力，努力把它做好，成长就越快；如果事情很轻松就达成了，反而会使自己掉以轻心，不但没有得到学习锻炼，甚至还荒废了技能。所以“横逆困穷，是锻炼豪杰的一副炉锤”。我们要乐于接受锻炼，因为“能受其锻炼者，则身心交益”，把它承担下来，自己的身体、心理的素质能力都会获得提升。反之，“不受其锻炼者，则身心交损”，因为眼前的任务你逃掉了，自己心中有愧，眼前的事情做不好落空了，自己心情不好，以后更不敢承担事情了。相对于别人的成功而言，你的能力又被比下去了，心中处于羞愧、愤怒、逃避的状态，岂不是身心交损了。

做人，能力才是最根本的。能力是人们一生经历应变的依据，也是我们盖棺定论的最后结论，所以人的一生都要用力在能力的提升上。只要有机会做更多的事情、更难的事情，就是锻炼能力最好的时候，不要推辞，要接受锻炼，所以是锻炼豪杰的炉锤。关键就是，你是豪杰，所以碰到的事情必定比较艰难，也正是因为任务艰难，小人都跑光了，所以才轮到你来承担，否则你也未必有机会做这件大事。一旦你勇于承担，就是顶天立地的豪杰、担当社会国家团体的台柱，把握这个机会，好好努力，大显身手，然后身心、能力都会得到提升。你如果是个小人物，那给你的任务也是很简单的，既然是简单的任务，你也就没有什么锻炼机会了，能力自然不可能提升。

人们时常抱怨机会不给你，问题是，机会为什么要落到你身上？你不愿意承担，机会为什么会落到你身上？因为你能做的别人也都能做到啊，除非，你能做的别人不能做到，你才有机会，尽管你不哈腰不讨喜，机会还是跑不掉，那就是因为你愿意接艰难的任务，你的能力比别人强，甚至在没有任务的时候你还在学习，也就更能接受艰难的任务了。既然机会出现，而天下无人能做，自然就是你来做了。这一切，都是因为愿意做艰难的事情。

4. 百炼千钧

磨砺当如百炼之金，急就者非邃养；
施为宜似千钧之弩，轻发者无宏功。

人如果要培养自己，就要把自己培养成材，而且是大材。大材才真正能承担大事，承担大事，对社会有用，这是所有有理想的人的共同目标。

然而，就在学习的道路上，人都有表现的欲望，有站上台的欲望，上台是可以的，但能做的事情不够多，考虑的层面不够广，如果还被一些利益吸引，那人就停留在原地了。结果，对社会能作的贡献也就很一般了。

能力一般的人是很多的、无以计数的，才华出众的人是很少的、不易遇到的。但是一位才华出众的人可以领导无数能力一般的人，偕同大家创造有益于社会的价值，因此，能力出众是重要的。

能力如何出众呢？“磨砺当如百炼之金”“施为宜似千钧之弩”，就是对自己不断地要求，一直学习付出努力成长，绝不轻易享受荣誉、享受头衔、享用资源、接受感谢，一直在一线做艰苦的事业，但能力屡获提升，所承担的事情愈来愈重大，影响的层面愈来愈广大，又不愿停下来休息，不会进入松懈的状态，永远保持旺盛的战斗力，一直做事不停歇。

如何判断一个人已经进入了懈怠的状态呢？当他开始维护自

己的既得利益的时候就是开始懈怠了。人在维护既得利益的状态下，是容易发怒的，发怒是因为别人不能遂了他的意愿，他就发怒了。这时他也是容易懈怠的，懈怠就不愿改变做法，一味固执地使用旧有的做事方式，这些都说明这个人已经停止成长了。如果他仍是站在高位上的人物，他就会变成人在高位却阻碍发展的人物，这一切都是因为他已经停止成长而进入享乐状态，这样的人对社会的贡献就变小了，严重者，甚至会阻碍社会发展。所以说“急就者非邃养”“轻发者无宏功”，不是不可就，不可发，而是“就”了还要再学习，“发”了还要再成长，不能简单停留在原地。人会停滞不前就是享乐之心造成的，享乐之心和追求理想是有冲突的，理想不高的人稍有成果就开始享乐，这样的人不能成为大材，只是一般人而已。然而理想究竟是天生的还是教育的结果呢？是否天生无法实证，但教育实在是必须的。所以，人都要教育自己，理想要定得高，才会一直成长，对社会有大用，不会成为阻碍。

5. 理想要高明，利益要退让

立身不高一步立，如尘里振衣，泥中濯足，如何超达？
处世不退一步处，如飞蛾投烛，羝羊触藩，如何安乐？

“立身不高一步立，如尘里振衣，泥中濯足，如何超达？”立身是讲理想，在社会上做事情，不论碰到什么状况，都要弄清楚自己来这里的目的，就是努力学习，老实干活，把工作做好，对社会有益。人人如此，社会就文明祥和了，这就是自己立身的目的。人要有自己的理想、人生的方向，这就是“立身”，要高一步，这一步就是人我之别。别人不如此，那是别人的事情，别人不是自己，自己要有理想，成为众人的典范。否则，人家好意思干坏事，你也好意思干坏事，结果你在社会做事，一边做事一边使坏，那就是“如尘里振衣，泥中濯足”，衣服还是灰尘一大堆，双足还是泥巴一大堆，只是瞎搅和，浪费生命，因为你和世俗没有分别，你的生命没有异于别人的光彩，“如何超达”？这就不是儒者的形象了。

“处世不退一步处，如飞蛾投烛，羝羊触藩，如何安乐？”“处世”是与众人共事相处，此时也有一个重要的认识要建立，就是人际关系的维护，维护好人际关系才可能做成事，也就是要想着多做事少争功。然而，人们一般都有争功之心，此心一起，人人杀得眼红，只想着私利，忘了公事，百姓的事情变得不重要了。同时，人家见不得你好，不让你好做事，你也见不得人好，也不让人家好做事。结果大家都做不成公家的事了。但是，职场上总有些事不能拖、不能等，有些事责任就在你，推也推不掉，结果在你与别人争名夺利时，这些事你全部办不成了，自己该负责任做好的事情却做不好，这可怎么是好？这是自寻死路：“飞蛾投烛”。为什么落到这步田地呢？就是因为你已经进退两难了：“羝羊触藩”，羊角缠在篱笆丛中了，进退不得。一句话，害人害己。你既害人，人亦害你，你想把自己的事情做好，却做不成，关键还是自己不肯相让，不肯“退一步处”，既然如此，只能眼睁睁地看着自己的任务失败了。

所以，与人相处要退一步。特别是为了自己的面子、酬劳、地位、形象、利益这些事情，不用争。这社会，小人多，坏人不少，他们就想着利益，而你是君子，你想的就是要把事情做好。这就是你和别人不同的地方。难道与人争利比把公家的事情办好更重要吗？这要想清楚。事情办得成才是有用的人，也才是有能力的人，事情办好才是君子。否则只是无能的人。因此，退一步吧。退的不过是私利，又不是公事。难道人们真的一投入职场就都忘了理想吗？

理想要高，不要与人同流合污。利益要让，不要卷入无谓的纷争里。

6. 务实不记功

立业建功，事事要从实地着脚，若少慕声闻，便成伪果；讲道修德，念念要从虚处立基，若稍计功效，便落尘情。

“立业建功”，不是投资股票赚大钱，不是看了一部好电影，吃了一顿好餐宴，买了一辆好跑车，盖了一栋好房子；而是为社会做了一件好事，且还不是太小的事情，不是日行一善的层次，不是举手之劳的方式，而是众人期待发生的好事情，需要有人带头完成，大家翘首盼望的政策，等待某人去落实，所以，“立业建功”必然是关乎众人的事业，是办成了公家的事情，而且不是例行的事情，是改革的事情，是创新的事情，是解决危机的事情，这件事情一旦成功，众人皆受到影响，而不只是自己愉快而已。

然而，事情完成，众人欢喜，感谢此人，则主事者不仅会获得荣誉、获得利益，甚至还会得到权力与资源。于是，有人便有可能专门为了这些荣誉利益而来“立业建功”，这时候，他做事情的方式就会有扭曲了，急求成功就严厉要求部属，好慕虚荣就刻意在领导面前表演，事情还没完成就急求宣扬炫耀。这就变成“若少慕声闻，便成伪果”。就算事情成功了，过程却有不少难堪的事情。所以，就叮咛人们“事事要从实地着脚”，“实地”就是做事情是为了这件事情的本身，不为其他的目的，这样这件事情才会做得准确；“立业建功”是为了社会为了国家，为了自己与所爱的人有良好的生活环境，把众人当作自己，立业建功就像是为自己盖房子，为自己打扫屋内，煮一顿饭给自己，把天地万物和自己视为一体，就没有“立业建功”的感觉了，一切都是自己的事情，都是该做的事情，老实去做就对了。

“讲道修德”就是针对自己的理想，努力去追求，并且在追求的过程中，重视内心的功夫。至于所谓的理想，有为众人服务的，也有要求于自己的，重点就是，自己的心念意志能够称得上配位，这就是内心的功夫。上述“立业建功”重视的是具体的社会实效，这里的“讲道修德”重视的是自己的内心功夫。既然重点在自己，那就不是别人怎么说可以决定的，所以重点不在社会效果，不在别人怎么说，因此根本不必去计算外在效果，若是计算别人的评价、社会的眼光，那就是“若稍计功效，便落尘情”。不是自己内心修为的课题了。所以说，“讲道修德，念念要从虚处立基”。“虚处立基”就是只管反思自己，不重外在效果、别人观点，不为人，只为己，“虚”就是不在人前张扬自己，“虚”就是自信满满的，因此不需要刻意地表现自己。

一个人，自己的形象不必突出，但社会的事业一定要做好，恰恰是他重视的不是自己的道德形象，“虚”，虚处立基，所以他才能真正建立社会事功；“实”，实地落脚。

7. 逆境与拂意

众人以顺境为乐，而君子乐自逆境中来；
众人以拂意为忧，而君子忧自快意中起。
盖众人忧乐以情，而君子忧乐以理也。

这讲的是君子和众人的忧乐之不同。君子是有理想的人，是中华文明中流砥柱世代相传的儒生，众人就是一般人，普罗大众。

人人都追求乐处，逃避逆境。但是，乐处是要经过努力之后才会有的，一般人不曾付出努力，就一味希望处于顺境，处于顺境固然是乐，但乐境不长久，不知努力，乐境转成空。所以，有智慧的人，知道要面对逆境，转逆为顺，于是，“众人以顺境为乐，而君子乐自逆境中来”。这就是说，众人关心自己的享乐，君子关心大家的福祉，所以对有碍众人福祉的事情，君子主动面对，直接处理，最盼望的就是把它变成顺境，一旦转逆为顺，众人利乐，这就是君子最快乐的事情。所以，人应乐于何处？众人与君子的思考是不一样的，关键就在看眼前还是看长远，关注自己还是关注大家，也就是格局之不同所导致的心境之不同。

乐是如此，忧也是君子与众人不同的。众人之忧以不如己意为忧，或是失去资源，或是得不到好处为忧。但是，世事多变，得失平常。只要肯努力，就不会一蹶不振，必有东山再起之时，因为失败是常事，环境一变迁就有失败的可能，但是，主观意志是不可失败的，“三军可夺帅也，匹夫不可夺志也”[①]。没有了意志，就会一败再败。为何君子没有斗志了呢？那就是他也进入享乐状态中了。事情成功办庆功宴大家好好享乐一番，这是正常的。但庆功宴毕，第二天就要继续投入工作了。若是惫懒于工作，只求快意纵欲，沉浸享乐窝，那么这个人对社会就不再有用了，所以，“而君子忧自快意中起”就是担心自己在快意享乐中懈怠了，因此不会让自己只想着哪里有好处，哪里有乐趣。而众人却不然，“众人以拂意为忧”，众人只管眼前与自己的事而已，只怕不如意，不怕太如意了之后的懈怠，所以与君子有所不同。

“盖众人忧乐以情，而君子忧乐以理也”。“情”是一时的感官快意与否，“理”是长久的是非对错。做一个君子，总是关切着众人，心想着公事；至于一个普通人，想的就是自己的事、眼前的好恶，所以看事做事的格局都不一样，思维念虑的意境都有所不同。

① 《论语·子罕篇》。

8. 得苦得乐

世人以心肯处为乐，却被乐心引在苦处；
达士以心拂处为乐，终为苦心换得乐来。

“世人以心肯处为乐”，意思是我乐意做，我就用力去做，然后我觉得我会做得很快乐。这件乐意做的事情，可能是对自己有好处的事情，符合自己个性的事情、习惯的事情、轻松的事情、方便的事情。但是因为你做的只是对自己有好处的事情，就很可能“却被乐心引在苦处”。这件事情可能做了就伤害了别人，对别人不利，别人来找你麻烦。这件对你自己快乐却对别人不利的事情，把你“引在苦处”，反而让你吃足了苦头。又或者这样的事情太不费力气了，所以你没有长进，时间一久，能力不如人，别人可以做更难的事情而更上一层楼，你却只能停在原来的格局中，因而心中有苦。所以不是只对自己有利、快乐的事情你要做，也不是容易做、轻松的事情你才去做，而应该是“达士以心拂处为乐”。就是当社会不理想，我皱眉头，我希望它变得更美好，或是这些下属不好带，我皱眉头，我想办法引导他们，把他们带好，从而把事情做好。总之，我付出更多的力气承担，做更多的沟通。做这些事情固然很辛苦，但是我乐于做这些事情，于是“终为苦心换得乐来”。因为我花了苦心，下了苦功，事情做好以后，大家快乐，整个社会进步，整个环境提升，整个团队变好，我自己反而得到更长久、更心安的快乐。

这一条旨在明白告诫青年朋友，一旦投入社会，还要更加勇猛精进，端正念头，刻苦自励。不要只想着轻松容易的事情，甚至损人利己的事情，而要想着让自己进步，让环境社会变好的事情。这样，可以得到长久的快乐，可以免于短暂快乐之后的苦恼。

9. 逆境与顺境

居逆境中，周身皆针砭药石，砥节砺行而不觉；
处顺境内，眼前尽兵刃戈矛，销膏靡骨而不知。

“居逆境”时，自己知道环境条件不好，因此小心翼翼，不敢得罪人，不敢懈怠，不敢骄傲，事事谨慎，步步为营。然而，这些处世的态度，却正是进德修业的标准动作，所以说“居逆境中，周身皆针砭药石”，就在这样的生活中，化险为夷，转危为安，而自己的德行也在不知不觉中增长了，“砥节砺行而不觉”。所以，居逆境反而是好事。但是，人为何会居逆境呢？是品行不好，松懈懒散，导致厄运而居逆境吗？如果是这样，其实他还是不会改过迁善的，因为缺乏自觉。自觉，就是知道自己的志向，有志向的人，跟有理想的人是一个意思。志向，都是向上的，向上，都是先使自己向上，而后使社会变好的。所以立志成长都是有目标的。既然立志，则目标未达到时，就不会松懈。而当目标是改善社会时，困难肯定是很多的，人为的阻碍、环境的恶劣、能力的不足都是逆境。为了达成目标，必须在逆境中力争上游，而且是以正道而行，而非为非作歹破坏社会秩序的行为。

所以，一般人也谈不上居逆境的，就算居逆境了，他们的做法也不是进德修业的做法，他们只会觉得是运气不好，倒霉了而已，接下来的做法还是投机取巧、损人利己，这就不是我们这里说的“居逆境”了。

所以，逆境是自找的，是为了提升自己、改善社会而自讨苦吃的，但就在逆境中，经由自己的努力，哪里不足就补充哪里，这才会是“周身皆针砭药石，砥节砺行而不觉”。因此，自觉为先，立志为要，人就日日成长了。

“顺境”是什么状态呢？事事如意，资源丰富，志得意满之时，此时，周围尽是小人笼罩，引诱你放纵，误导你方向，让你追求逸乐、欲望而满足他们的需求。只有当你位高权重家财万贯春风得意时，才会有人来巴结你，吹捧你，让你去做你喜欢而他们得利的事情。这样，你堕落了，人家得到利益了。所以说“处顺境内，眼前尽兵刃戈矛，销膏靡骨而不知”。“兵刃戈矛”就是那些引诱你放纵的事情，结果就是自己的资源、荣誉、形象、人脉、健康等一一下坠，把你“销膏靡骨”了。

但是，人为什么会处于“顺境”呢？一个人如果有理想，那么理想的目标是无止境的，一件事情完成了，还有更重要、更艰难的事业等在你的前面，兴奋只有一个晚上，接下来又要面对新的任务与挑战，就再度进入“逆境”了，这样的人，怎么会被欲望、利益、享乐的事情所吸引呢？怎么会被小人引诱呢？你有资源，去做那些争斗的事情、放纵的事情，小人就获得使用你的资源的权利，从而达到他们的目的，所以他们要引诱你。但是你如果没有那些贪念、妄想，人家如何牵引你呢？所以，“顺境”不可怕，“顺境”是事业成功的结果，可怕的是没有理想，一旦一件事情成功，一旦稍微站上高位、有了资源，如果没有理想，不需要小人来引诱你，你自己就会去做放纵、争斗的事情了。

所以，理想为要，人就不会退步。

10. 逆耳拂心

耳中常闻逆耳之言，心中常有拂心之事，才是进德修行的砥石。

若言言悦耳，事事快心，便把此生埋在鸩毒中矣。

人要有理想，使自己进步也使社会进步，看到不好的事情，皱个眉头，心想着如何改变它，于是努力工作。但还是没做好，人家批评，遇事阻碍，没关系，我就是来做事的，有困难就克服，有批评就改进，不在意自己在别人面前的形象，只关心是否自己进步和是否把事情做好，这样就是在“进德修行”。

如果只想着享乐，只想听恭维好听的话，就等于不思进步了，人进入逸乐状态，就会引发更多的贪欲，想的做的就是为了自己的利益与放纵而已，这样就等于喝了毒药。

所以，“耳中常闻逆耳之言，心中常有拂心之事，才是进德修行的砥石”。因此，人不要怕困难，不要怕被指责，只要自己心态好，想着成长学习服务的目标，就没事了，只会一直想要改善进步，于是真的就自己一路前进了。若是“言言悦耳，事事快心，便把此生埋在鸩毒中矣”。因为不想再费心了，不再想成长的事情了，于是停止进步，反而逸乐第一，只要你是有权位有资源的人，周围的小人就会来包围你，满足你的私欲的同时，攘夺你的权势与资源，你和身边的小人成了堕落的集团，你对社会便成了蠹虫，就像商纣王，年轻时勤勉奋进，治国有方，后来放纵享乐，直至灭国亡身。

人不是不可以逸乐，劳逸结合是对的，但逸乐是在该干的事情干好了之后的一段短暂时间的休憩而已，而不是日日享乐，这样的话，会把自己的福报消耗殆尽，退步、懈怠、纵欲，从而失去了生命的意义，变成一个对社会没用的废人。

11. 如何摆脱负面心理

事稍拂逆，便思不如我的人，则怨尤自消；
心稍怠荒，便思胜似我的人，则精神自奋。

人在职场中，总有顺逆，且顺逆常不随己意。顺境常在不经意中来到，却未必加以珍惜，逆境则总感觉如影随形，因此心情不好。其实，逆境无妨，毕竟自己仍在努力前进。只要仍在战斗，而不退却，“事稍拂逆，便思不如我的人，则怨尤自消”，因为不如自己的人实在是很多的，社会地位、个人财富、聪明才智、身体健康、人际和谐，人生的面向是很多的，“拂逆”之事也只是眼前一两件事，其他的事情，自己还是很宽裕的，这样，就不会沉溺于怨尤之中。

一个人身陷“怨尤”之中，其实是个性中的一大缺点，会给自己带来巨大的负面效应，会惹出许多无谓的麻烦，因为总是处在不快的心境中，人际关系肯定很差。一个有能力的人，是不会时常怨尤的，因为他就是要靠自己的努力来突破困境的，他没有时间怨尤，怨尤是懈怠者的避风港，是不努力的人的借口，因为都是别人的错。人不用抱怨，只要愿意努力，“拂逆”就是他要面对的课题，去处理就好了，自己已经拥有很多，再加一把劲，就克服掉了，“怨尤”从来不是成功者的心态。

人要追求成功，便是一直向前努力，但有时候会懈怠，为什么会懈怠呢？还是对理想的认识不清楚。理想是什么？透过自己的成长而改善社会，而不是追求自己的荣华富贵，从而享乐。享乐的人生，不需要多大的荣华富贵一样可以享乐，一旦有了一些资源，就沉浸在享乐之中，这样就懈怠了。然而，一个有理想的人，自己的享乐不是生命的重点，成长是无止境的，改善社会更是无止境的，在追求的过程中，稍一懈怠，自己就会察觉，但想想，为了社会更好，还有多少人在努力，看着他们一心付出的精神态度，便兴起继续努力的力量了，因为“取法乎上”，所以说，“心稍怠荒，便思胜似我的人，则精神自奋”。“胜似我的人”不是地位、财富、权势高于我的人，而是比我更能坚持理想奋斗不懈的人，让我敬重的人，既然他们还在努力，我怎么可以“怠荒”呢？

关键还是，自己的人生目标是什么？人有理想，就既不畏“拂逆”，也不陷“怠荒”，总是一直向前。

12. 何时表露心迹

君子之心事，天青日白，不可使人不知；
君子之才华，玉韫珠藏，不可使人易知。

做一个有用的人，就要有实力，然后为社会所用。所谓为社会所用，就是理解自己是来服务的，服务的时候，真诚付出而没有私心，你想的就是你说的、就是你做的。有些人，做公家的事情，有自己的私心，说的不是想的，更不是做的，想的做的都是不能说出去的，因为是有害团队的事情，这就不是做事的态度了，所以说，“君子之心事，天青日白，不可使人不知”，能做到这一点，可以说你是此心光明正大了。

人有公事上不可说的，心里会有压力，就会发脾气，身心都不健康了。

做一个有能力的人，就是要为社会服务。一旦在岗位上，就是努力做事，而不是想着自己的升迁与酬劳，若想的是这些事，这个人就会好表现，是自己的舞台卖力表现，不是自己的舞台也抢着表现。人在自己的舞台上认真做事就好了，卖力表现就会对同事造成压力，让人心生不满，以为引起领导重视，其实是惹人厌烦，甚至引人猜忌。其实，比你厉害的人，不需要看你刻意表现，看你日常的言行就知道你的底细了，若是刻意表现，抢占风光，反而使人看轻你，觉得你不安其位。至于不是你的舞台的场合，你还刻意表现，那你就更加焦躁了，稍不惹人注意自己就没有存在感，所以时时都要展现高人一等的态势，这都是没有实力的人的作风，只是暴露自己的不足而已。所以说，“君子之才华，玉韫珠藏，不可使人易知”。

一般年轻人，或是心态不成熟的人，做事好表现，抢功劳，都是在暴露自己的不足以及贪念，比你明白的人都看得清清楚楚。要切记：人有多少能力做多少事，人要继续学习、努力工作就会一直提升能力，在能力成长之后，定力就会更强大，同时自然会有比你更强的人来选择你，于是你就有了改变工作环境的机会了。关键还是实力，而不是刻意的表现。“古之学者为己”，他只管自己做该做的事，是实的；“今之学者为人”[①]，他都是在表演，是虚的。

人首先是不了解自己，然后就不了解别人，以为刻意表现会有好处，其实正惹人厌。人了解了自己，就能够专心做自己的事情，事情做好，自然命运就改变了。如何了解自己？就是了解自己要做、该做的事情，然后专心努力去做，心境平和，不焦不躁，做人就有味道了。

13. 昭昭与冥冥

肝受病则目不能视，肾受病则耳不能听。
病受于人所不见，必发于人所共见。
故君子欲无得罪于昭昭，先无得罪于冥冥。

① 子曰：“古之学者为己，今之学者为人。”（《论语・宪问篇》）

肝通目，肾通耳，这是中医常识，肝肾位于体内，有啥问题，人己不知，然而目耳器官在外，一有问题，人己皆知。所以说“病受于人所不见，必发于人所共见”。病是什么呢？做公家事，假公济私，斤两不对，欺上瞒下，说话不实，以为可以过关，其实智者已识，人家也许只是不说破，把你当幼稚的人，因为要顾全大局。然而，依据行为心理学，诚于中必发于外，人家说不说破是看事情，如果是大事、严重的事、损害公众的事，以为可以瞒过，其实必被揪出，人家也不能不说了，到时候就要自己受苦了。

所以，做公家事，就要老老实实，若不老实也能过关，那很可能是整个单位都是玩虚的，在这样的地方待着，自己德行也就渐渐亏损了，若是这样的单位很多，那么整个社会都虚假了，岂不是大家的损失。

耳聪目明是身体健康的表征，心胸坦荡是心理健康的表征。心理不健康，举手投足、言语动作都有衰馁之相，不必人家指责，自己已经不稳了。比如爱生气，怕多事，躲人后，不积极，所以做公家事，心不气馁，坦坦荡荡，情绪稳定，不怕多事，勇于承担，积极做事，既不得罪于“冥冥”，必无得罪于“昭昭”。

14. 居官与立业

读书不见圣贤，如铅椠佣；

居官不爱子民，如衣冠盗；

讲学不尚躬行，如口头禅；
立业不思种德，如眼前花。

读书时要体贴书中所讲的圣贤的心思，而不是看过了、知道了就算了，体贴就是要去做，落实书上的道理，否则只是搞印刷，搞打印，搞照相，不是真的读书，所以说“读书不见圣贤，如铅椠佣”，“铅椠佣”说的就是印刷工人，对于自己印出来的书本，完全不关心里面的意思。

居官就是为众人之长，既是众人之长，就得照顾众人，而不是自己享受津贴、产业以及官架子，这一身官服是来为社会和国家服务的，也就是来为百姓服务的，若是“不爱子民”，岂不等于偷了衣服穿的人，所以说“居官不爱子民，如衣冠盗”。

书读好了就“讲学”，既然是读圣贤书，当然就是讲圣贤话，自己讲给别人听，自己却不做，那么讲了就等于没入心，嘴边晃了就过去了，像口头禅，没有意义的声音而已，所以说“讲学不尚躬行，如口头禅”。

做事情就是做对大家有益的事，这样就叫作“立业”。但做事情的时候，要注意一起做事的人的感受，不是仅仅事情做到了而已，而是善待一起做事的人和被事情影响到的人，那就是对相关的人都有真正的关心，关心就是自己有了德行，自己“种德”了，人都是在做事情中种德的，没有德行的人就是对人不关心的人，只关心自己的事情成功与否，这样你的事业也没啥意思了，事情是办了，但是周围的人对你是摇头的，所以你的事情人家也不领情了，效果也就谈不上了，所以说“立业不思种德，如眼前花”。

15. 老实做事又承担难事

青天白日的节义，从暗室漏屋中培来；
旋乾转坤的经纶，自临深履薄处操出。

“节义”是什么？“节义”就是承担社会正义，拨乱反正，做出利人的事业，所以它必须是“青天白日”的，它不能是自己从中取利的，不能是假公济私的，更不能是损人利己的，所做的事情都是光明正大的，所以说是“青天白日”。但这是要求自己的事情，而不是激烈地去要求别人的事情，因为是要求自己，所以别人未必看得到，这时候，就是在“暗室漏屋中培来”。别人不曾要求你，而且没有人看得到你在做的事情，但你不能因为没人看到，就有损于“青天白日”，于是你严格地要求自己，所以说这是“从暗室漏屋中培来”，“培来”就是自己培养自己要求自己约束自己，这才是真正的节义。

“经纶”就是你的能力，“旋乾转坤”的能力，那可是巨大的能力，这样的能力，如何培养出来呢？那就是敢于挑战艰难危殆的事情，失败了再起，哪里有艰难危殆，哪里就有你的身影，而处于艰难危殆的环境中，自然必须以“临深履薄”的谨慎态度来做事，谨慎再谨慎，结果完成事业而“旋乾转坤”，所以说，“旋乾转坤的经纶，自临深履薄处操出”。是你如临深渊、如履薄冰、战战兢兢地操持，才完成了这些事业的，否则早就被艰难危殆吞噬了。

那么，你如何做得到呢？那是因为你胸有大志，打算干出有价值有意义的事业，所以你天天学习，有机会就出来服务。为什么玩乐的场合看不到你？因为你在学习；为什么平常没事的场合、兴奋的场合看不到你？因为你在准备重要的事情。人一己十还不够，要人一己百，人一己千，那就是努力再努力，因为你知道那件事情不容易，所以你花更多自己的时间，花更多自己的力气，你不玩乐，不享乐，不好胜，不讲笑话，不参与没有必要的宴会、没有必要的野游，不参与没有必要的聚会谈话。

《论语》讲："群居终日，言不及义，好行小慧，难矣哉。"这些场合你都很厉害，你都很风光，你就没有时间去做重大事情的准备了，那么，"临深履薄"的谨慎与耐力从何而来？就是因为你把时间都用在重大事情的准备上，人一己十、人一己百、人一己千，你最终才能有肩鸿任钜的能力。

所以，可以说人生只有两件事是重要的，那就是学习和服务，任何时候都在学习，场合到了，时间到了，机会到了，那就服务。就这两件事，这就是君子的人生逻辑。这样的你自然担当得起"青天白日的节义，从暗室漏屋中培来；旋乾转坤的经纶，自临深履薄处操出"这两句话了。

16. 放下物欲与尘俗

塞得物欲之路，才堪辟道义之门；

弛得尘俗之肩，方可挑圣贤之担。

“道义”就是对公是公非的坚持与承担，要开辟“道义之门”，就要放下私利私害。利害是个人的利害，是非是大家的是非，承担道义要关注众人的公是公非而不是自己的私人利害，一旦关注私利，是非就扭曲了，因此私利要先放下，这就是“塞得物欲之路”。“物欲”是人之常情，《中庸》说“发而皆中节”，行为合于节度，不以私害公，这样才有立场处理公众的事务，并且秉公处理，“才堪辟道义之门”。所以做公家事，专心去做，忘记自己的个人利益，把公事做好。一件公事做好，累积能力，受到肯定，继续承担更重要的公事，人就在能力提升、责任加重的过程中成长，从而变化气质，也就是所关心的事情不一样了，私人的利害关系更加不重要了，因为他有了责任与荣誉，责任使他冷静，荣誉使他快乐，既然在大事上满足了，小事就不重要了。

人都要谋生，也都要逸乐，谋生与逸乐就是“尘俗之肩”，这个肩膀可以力扛千钧，也可以毫无担当。然而做人，要做个自我感觉良好的人，更要做个值得众人倚赖的人，那就是承担圣贤的重担，圣贤为什么要挑起众人的责任与负担呢？因为他关心身边的人，关心社会的好坏，关心天下的事务，因为关心，就要去照顾，因为照顾，就要学习与服务，学习有用的本事来做服务的事情，这时候的做事就不只是为了谋生，而是一定要把事情做好，累了休息一下再出发，而不是放纵在逸乐之中，所以说“弛得尘俗之肩，方可挑圣贤之担”。人是否都要挑“圣贤之担”呢？这还是取决于自己，聪明才智大者服千万人之务，其次十百人，其次服一己之务也行，就是不要给别人负担。自己该做的事情没有做，自己就不进步，服务社会该做的事情没有做，最后让别人去做，自己又懈怠又退步了，处于懈怠退步状态中的人是没有气力、心力、能力的，这样如何自我感觉良好呢？就算不承担圣贤的事业，也得把自己的人生照顾好，工作谋生、休息逸乐是没错的，但这世界是好的吗？如果不好，自己的工作谋生、休息逸乐也不可得，所以还是要时时关心他人、关心社会、关心国家、关心天下的事情，如果天下事都没人做，天下会好吗？所以就算只是工作谋生，也要想到把任务做到最好，而不是推诿塞责、迁怒他人，当你认真做事的时候，同样的一件事情都做出不同味道了，你的“尘俗之肩”已经变成“圣贤之担”了，你越认真做，能力越强、责任越重，你周边的事情一件件变好了起来，你已经不知不觉在承担“圣贤之担”了。重点是，这世界才会变好。

17. 克己自胜

降魔者先降其心，心伏则群魔退听；
驭横者先驭其气，气平则外横不侵。

魔由心生，魔就是敢做坏事的念头。人性是善的，原本不会为恶，通常是被人家引诱了才会为恶，于是致生种种恶念。人要为恶，得发狠，不发狠，坏事做不下去，由此亦可证明人性是善的。孟子讲恻隐之心，由此证明人是善的，这是顺着讲；我们讲做坏事要发狠了才敢做，这是逆着讲，所以人性还是善的。既然如此，自己降伏魔心，种种为恶的念头就降下去了。一个人，受人引诱，为了巨大的利益，魔心降不下去，那就向魔心投降了，这是弱者的表现。厉害的人克制自己，降服自己的弱点，挑战自己的极限。但坏人则不然，他都是修理别人的，欺负别人的，欺负别人的时候不需要能力，而是发狠、使坏、用暴力，这其实就是没有能力的人，因为能力是用来改善社会、帮助别人的，伤害别人的叫作暴力。人要培养能力，不要使用暴力，魔心一起，就走向暴力那边了。老子说"自胜者强"，真正的强者都是克制自己、提升境界的，敢于使坏，变成人魔，只是弱者。所以说"降魔者先降其心，心伏则群魔退听"，把道理想清楚，邪念自然不兴了。

"魔"是心魔，"横"就是外在的暴戾之气了，你对人家很过分，人家准备暴力对付你，你也准备暴力相向了。子曰："一朝之忿，忘其身，以及其亲，非惑与？"①路上两车险些擦撞，一生气，干脆两车相撞，结果呢？糊涂。与人冲突，拔刀相向，伤人伤己，岂不糊涂？自己先把暴戾之气按服下去，人家也会慢慢气平，互相道个歉，一场危难就过去了。否则，打伤甚至打死了人，结果呢？家人痛苦，自己进监狱。"横"是怎么发生的呢？是人家对你横逆，你也就更加忿戾而发生的。但是，这是可以避免的，人平常生活做事都有计划，遭遇突如其来的意外和冲突，就不会受影响。就怕没有志气，无所事事，自己没有信心，就会特别好胜，于是一件小事情就使你冲动，小事不能忍，就会横逆大起，以为不如此，不能证明自己是对的。所以生活要有节奏，处事要有方法，人生要有理想，这样做事就有计划，按部就班，不会因为一

① 《论语·颜渊篇》。

时的被伤害、被横逆就以牙还牙，横逆相加。

人为什么做事会有计划呢？因为有理想，以及心中有爱，有为社会服务的心胸，有为家人赚钱的责任，日常生活就都有了正常的步调了，不会随便起心魔，也不会一时起横逆之气了。所以说，“驭横者先驭其气，气平则外横不侵”。

18. 做公家事情时的人我关系

毋因群疑而阻独见，毋任己意而废人言，
毋私小惠而伤大体，毋借公论以快私情。

“毋因群疑而阻独见”：人在社会做事，因为自己认真，心中充满理想，知道做事的方向与方法，但是一方面必须勤奋努力，另一方面必须大家配合，这样才能把事情办好。于是在讨论公事的时候，自己提出意见，而大众是懒惰的，甚至是自私的，别人不肯付出同样的努力，于是提出反对的意见，甚至否定自己的好想法，予以打击，甚至威胁。这时候，自己明白了众人的心态，眼看势不可为，是不是就要放弃自己的意见呢？不可以的。自己的立场还是要明确，只是沟通需要一个过程，了解决策的变化轨迹，采取适合的做法与态度就好，可以不硬碰硬，但不必放弃己见。因为大众是要带领的，只是，带领要有技巧，好好沟通，态度温和，了解他人的利害考虑，适度通情达理，然后说服别人接受。当然，这种情况通常是自己尚在高位，还有资源可以周旋时才有效果，否则，就算坚持己见，事情还是办不成的，但是无论如何，正确的意见还是要提出，因为这是自己良知的底线。所以说“毋因群疑而阻独见”。

“毋任己意而废人言”：处理公家事务，自然会有资源在身，事情做多了，就有固定的模式出来，不仅事情办成，也越来越好做了，但也正因为这样，有时为了一己的方便，在讨论公事的时候，会坚持自己的做法，一旦别人提出不一样的方法，其实是适合别人的做法，自己却因为要坚持自己的做法而绝对不肯同意，某种意义上也可能是为了维护既有的资源，但是，这样就不通情达理了。做事是要跟别人合作的，合作就是互相尊重，不论是平级之间还是上下级之间，只要别人的意见是有道理的、适合他的、省时省力提高效率的，虽然你自己也有看法，但毕竟要交代别人去做，或者是要大家一起合作，只要对方是真诚地想把事情做好，自己就不要过于坚持，条条大路通罗马，这样才是心思灵巧、智慧过人的做事态度。所以说“毋任己意而废人言”。

“毋私小惠而伤大体”：做公家的事情，难免有私人的利益，如果是通过正常的流程得到的，那也无妨，有些利益是很抽象的，不过就是相关的人给你一些方便，谈不上是私利。但是，如果是先考虑自己的利害，做公家的事情的时候稍微修改它的做法，顺便利益了自己，这样做表面上无伤大雅，好像不会影响公事，其实不然。公家的事情恰恰因为你这样稍微的修改而受到影响了。知道内情的人会心中不满，不知道内情但觉察不对的人会有所猜忌，这样团队的契合就不好了。更何况，有些做法明显是更无效率的，更费钱的，直接有利于某人的，这样大家如何团结一致来做事呢？所以，只要是夹杂了私利，在公事上不论有没有影响，其实都已经有了不良的影响，这就是“毋私小惠而伤大体”。

“毋借公论以快私情”：讨论公家的事情，就是把道理讲清楚，把公是公非讲清楚，但绝对是“对事不对人”，只要讲清事情的本身就好，不要借机批评别人的不是。否则，直接与人为敌，就破坏了团队中的人际关系，以后做事都有阻碍了。如果别人根本没有什么不对，自己却假借公事而指责别人，这是小人的作风。如果别人确实有过，那也不宜在正式场合中去指责别人，这是得罪人的做法，以后就不好相处了。团队中的人际关系必须和谐，别人有过可以“责善”，即私下场合，和颜悦色、好好规劝，这样别人还有可能听得进去。如果是私下场合，却是疾言厉色，别人很有可能就拂袖而去了，甚至还恼羞成怒，与你为敌。更何况，如果是在公众的场合，事实上是指责别人的过失，而表面上还装作是规劝，这样做的结果，有过者肯定不肯认错，拼着哪怕公家的事情搞砸了，也要跟你争个是非对错，这样牺牲的是公家的事情，损伤的是你的人际关系，全部是丢分的事情。总之，攻击别人就是丢分，既失去人心，也败坏公事，这不是负责任的做法，更何况为了自己一时的快意而攻击别人。所以说“毋借公论以快私情”。

做公家事，人际关系第一，除非你是老板，但是老板也得懂得御下之术，想要让部属有干活的动力，就要注重人际关系的和谐。如果自己也是领导之一，那就更要懂得待人之道，重点就是，要坚持讲对的话，也要尊重别人的想法，绝对不要夹杂私利，更不可以任意骂人。

19. 持家读书为官的好形象

饮宴之乐多，不是个好人家；
声华之习胜，不是个好士子；
名位之念重，不是个好臣工。

《菜根谭》讲的就是自古官场上的知识分子在人生场景上，面对棘手的事情提出的实战演练的心法。人生的场景，有在家子弟的场景，有士子读书的场景，有朝堂为官的场景，种种场景都有它应对进退应有的逻辑，有该做的，有不该做的；有该想的，有不该想的。然而，即便是不该做的、不该想的事情，人们还是有可能去做、去想，做得少、想得少倒也无妨，做得多、想得多那就不好了，这样自己的境界下滑了，人等于是堕落了。有些事情，努力了就有，但不是目的，知识分子的目的就是持家、求学、为官、治国、平天下，持家求学为官就会有附带的效益，那就是持家有饮宴、求学有声华、为官有名位，这些都是努力工作之后才有的，是对努力的肯定与报偿，所以人人得之而喜。但是，要想好，得到这些报偿并不是努力的目的，持家求学为官才是目的，持家求富裕安乐，求学讲学问本事，为官讲爱民治国，本分要做好。

如果持家富裕之后，只重饮宴之乐，那就是转向欲望了，饮宴之中奢侈饮食伤害身体，口无遮拦破坏人际关系，骄傲自大得罪别人，浪费铺张挥霍家财，这样一个人的路向就偏了。饮宴是必然会有的，为了庆赏，为了祝贺，为了休憩，为了欢喜，饮宴自然地发生了，但也自然地结束了，然后继续投入工作之中，若是时时耽溺于饮宴，这家宴完再找一家，此处饮宴又别处饮宴，一心只想在酒桌饭厅里纵情恣欲，好似富贵荣华，不断享乐畅谈，这样的人就陷在不工作的状态了，这就绝对不是持家者应有的做法。所以说“饮宴之乐多，不是个好人家”。

士子读书，发表学习心得，讲得好，获赞誉，是当然。受到赞誉者心中欢喜，但是读书是为了去社会上做事，讲得好也要能做得到。大堂里辩论高下，高己屈人，养成好胜之习气。言语中坚持己见，固执不化，反而只是假大空的学问。高谈阔论，内里空疏，不能做实事，只重自己的声名，只求自己的虚华，这已经违背了读书的目的了，所以说“声华之习胜，不是个好士子”。

做官就是要做事，但是做了官就会有权势，也会有资源，于是人心转向为了权势与资源而做官，因此官场上斗争严重，历代皆是如此，斗争斗的都是私利，其实就是种种资源的抢夺，这也是饮宴之欲望的放大，同时也是好胜心的追求，这也是“声华之习胜”造成的，所以变成只是关心自己的权势地位的巩固与扩张。于是做事重表面，办事抢功劳，只为自己的名位、私利干活。一旦与人相处，又见不得人好，不能下人屈己以求合作，想的都不是事情的完成，而是自己的利益，而利益来自名位，做事就以讨好领导为重点，往来就以巩固名位为重心，与其完成事功不如抢占名位，这样的官员，对百姓何益？如果整个官场习气如此，未有不亡之国了。所以说“名位之念重，不是个好臣工”。

士子读书，求的是齐家治国，君子为人，要的是天下太平。不是从自己做起，没有扎实的根基，只想着好处利益，持家重饮宴，求学好声华，为官重名位，人的品格就下堕了。

20. 永远在工作的状态中是如何做到的

天地寂然不动，而气机无一息少停；
日月昼夜奔驰，而贞明则万古不易。
故君子闲时要有吃紧的心思，忙处要有悠闲的趣味。

天地永远在那里，看它一动不动，但是天覆地载、天施地化，时时刻刻运转不已。天地之间，万物并作，种种生意无一刻停息。春夏秋冬四时运行，百物千种亿万生灵，无不在它的孕育下成长变化，就是这种能量，才维系了天地万物的生存。所以说“天地寂然不动，而气机无一息少停”。

看着天上的日月星辰，它们竟是如此日夜奔驰，无一刻停息。当然，从太空物理学的角度来说，一切都是相对的，也许是我们的地球自己在奔驰，但无论如何，不管是谁在奔驰，日月星辰总在天上照亮大地，而且它从来没有懈怠，也不显疲惫，于是人间有了光明，万物有了明灯。所以说“日月昼夜奔驰，而贞明则万古不易”。

以天地日月的作息来看人类的生活，就要知道，人总是要干活的，而且是持续不间断地干活。干活中，自然有日夜之调息，工作日与休息日的交替，但用心于事务上则是不停息的。所以说

“故君子闲时要有吃紧的心思，忙处要有悠闲的趣味”，事情是一直来的，人则是要休息的，但就算是休息，也要有一部分的心思放在工作上，这样你的休息就不会变成懈怠，它只是调整体力，聚集精力，而不是放弃事业。同样地，做事情的时候，要想着事情是做不完的，人生是长久的，做事情的时候要有劳逸结合，人生不只是眼前的事情，还有众多的事务，不要在一件事情上耗尽了所有，适度休息，利用兴趣、嗜好让头脑放松，让心情放松，让身体放松，放松之后自然身心补充了能量，就再度精力充沛了。

天地日月交替运行，工作休息绵密不断，这样，人的动能就无穷了，天地日月也是无穷的，所以人也必须是无穷的，但就是要知道如何调节自己。放松不是放纵，工作不忘休息，这样你的身体机器才能长长久久。

21. 保持清醒的理性是如何做到的

忙里要偷闲，须先向闲时讨个把柄；
闹中要取静，须先从静里立个根基。
不然，未有不因境而迁，随事而靡者。

忙里偷闲、闹中取静，都是身心休息的方式，这是必要的。

“忙里要偷闲”，是怎么偷的呢？首先是你正在忙的这件事情不是服务人群的事情，就是自己学习的事情，总之一定是有意义的事情，忙得不亦乐乎的事情，忙得大家一起投入的事情，这才叫作“忙”的事情。事情因为步入轨道，看到大家都投入了，各种事务都有专人负责了，这时候觉得自己可以稍微退后一步，让别人担纲负责了，在某个空当时间，就可以放下手上的重要事情，去做一件别的事情，也许就是个小旅游、小聚会，好好喝个下午茶，或者去做一件自己想了很久却一直没有时间去做的或学习或服务的事情，去做这样的事情就叫作“忙里偷闲”，手上重要的事情还在进行，但是已经走上轨道，凡事都有人看着，眼前没有危机，那就可以休闲一下，做点别的事情。

忙里偷闲绝不是放着手上重要的事情不管，任由它进度落后、功亏一篑，却还是要先偷闲，这其实是不负责任，而不是偷闲。事情还在起步阶段中，有人窥伺破坏中，碰到艰困的障碍不能突破中，自己不能一力承担，却只想着自己已经承受不起，必须退出战场一下，这不是偷闲，而是偷懒。事实上，这一退出很可能回不去了，情境已经没有了，事情已经结束了，在这种关键时刻，主事者可不能有任何偷闲的想法。

当然，休息没有错，该休息的时候就休息一下，再怎么艰难的工作场景，做事情的人还是可以休息一下的，否则体力一旦透支以后，将来更加补不回来了，所以休息是必要的，而偷闲则是额外的。“休息”不是“偷闲”，“休息”是为了身心的快速复原，“偷闲”则是完全放下手上的事情，不担心，而去做一件另外的事情，所以才说是偷闲，否则此时仍应该在原来那件事情的场景里。

闹中取静，是自己的心本来就不必一定要在眼前这个环境里，眼前的环境是乱哄哄的，各种不同的事情交错夹杂，许多人做着许多的事情，拥挤在同一个时空之中。此时此地，你自己若是心中无主，那就是跟着热闹一番，但是结束后一无所得。如果你自己心中有主，找一件事情去做，专注于这件事情上，一旦你的心安静了，周遭的纷乱就与你无关了，就不干扰你了。所以说闹不该就是乱，闹只是众多且纷杂而已，如果它们都和自己不相干，自己有事情要做，那就有了自己的时空，于是再纷杂的环境，你也能够静得下来。关键就是，你找到了自己的重心。

“忙里要偷闲，须先向闲时讨个把柄”，就是说你的这个休闲做的是什么事情，是放纵逸乐、伤人害己的事情呢，还是有利身心、有益社会的事情呢？偷闲出来去做一件跟眼前这件事情无关的别的事情，这个别的事情也是你平日有所关切的事情，就算不是利于社会的，肯定也要是利于自己的事情，那才叫做事，否则就跟休息没差别了，根本谈不上偷闲。

“闹中要取静，须先从静里立个根基”，就是说你要有自己想做而且能专注的事情去做，没有想做而且能专注的事情，你如何静得下去呢？

所以，偷闲是去做另外一件有意义的事情，取静是专注于自己的重要的事情，它们从来就不只是休息，更不是完全不干事，如果只是休息，甚至是要放纵逸乐，那就有可能走偏了，所以说“不然，未有不因境而迁，随事而靡者”。就是一旦松懈了，不想负责任了，懈怠了，人也就逸乐了，甚至纵欲了，更有甚者，损人利己去了。

人永远有自己的重要事情要做，就永远可以闹中取静，专注于自己本身的事情。人永远有很多想做的事情，就很容易忙里偷闲，随时能够去做一件有趣且让自己快乐的事情。

22. 工作与生活时间的分配原理

身不宜忙，而忙于闲暇之时，亦可儆惕惰气；
心不可放，而放于收摄之后，亦可鼓畅天机。

人都是要做事的，要能忙，有能力的人都是忙人，但是，忙是忙，却不可瞎忙，也不可乱忙。瞎忙是尽做些无关紧要的琐事，对人对己无大益处，乱忙是没把事情处理好，做事没有效率，而且方向不对，结果都没有进展。忙要忙中有序，气定神闲，时不时还可以忙里偷闲一下，这样就是不忙。不忙就有闲暇的时间了，然而，在闲暇的时候，亦不免有惰气的可能，此时就要提醒自己清醒一下，再度回去做那些重要的事情，这样闲暇与工作就都一致地照顾好了。所以说“身不宜忙，而忙于闲暇之时，亦可儆惕惰气”。

能把自己各方面都照顾好的人，才能过着有意义却“不忙”的生活，但是，这种“不忙”，似乎把自己的人生放在一个闲置的状态里了，还有很多才华、能量没有使出来，这时候，可以找些正经事来忙一下，开辟新的生活环境，让自己继续成长，不要留在舒适窝里，这种不忙的舒适状态，虽不算是惰气，但总是有一股舒服劲会让人懒坏了的。

心都是要看管的，看管在向上向善的方向上，不可随便放逸，一时之间的放逸，很可能带来长时间的懈怠，长时间的懈怠很可能带来终生的失败，所以说“心不可放”。一旦本心收摄了，人就步入正轨了，这时候，人就可以有幽默感，有潇洒气质，这就是

“放于收摄之后”，这个“放”，只是放松，是潇洒，是幽默，其实也不是放纵，一旦潇洒幽默了，周围的人就更加喜乐了，各种生机也就都出来了。譬如说，大家可以谈知识，交换见闻，也可以谈事业，一起做事，自己也可以因为放松了而更有灵感，找到做事的新方法，想出可以做的新事业，结果就是生机无限，所以说“心不可放，而放于收摄之后，亦可鼓畅天机”。

其实，生活与休闲，是有一套最好的公式的，就是要先找出重要的事情和不重要的事情的项目，弄清楚，然后分配缓急先后。那些对自己的学习和服务有成长意义的，就是重要的事情。只是些例行的事务，或可有可无的事情，或是休闲逸乐的事情，就是不重要的事情。不重要的事情也是事情，只不过很多人花了很多力气在不重要的事情上，结果没时间做重要的事情，这就不对了。人们做事，要以重要的事情去决定不重要的事情什么时候做，而不要以不重要的事情，去决定重要的事情什么时候做。重要的事情做好了，剩下的时间和精力才去做不重要的事情，这样的生活始终是有主心骨的，生活上的各种事务也就都能安置妥当了。

23. 面对困难才能成就大事

非盘根错节，何以别攻木之利器；
非贯石饮羽，何以明射虎之精诚；
非颠沛横逆，何以验操守之坚定。

有理想的人就是要做大事的人，做大事，就必须有非凡的能耐、坚毅的志节、雷打不动的定力。这样的人，面对的都是难的事情。事情不难，无法区分他和一般人的不同；事情不难，无法改变周遭的环境；事情不难，无法完成目标。就是要面对困难，才能成就胸中无穷的理想。而所谓的理想，就是要让社会变得更好，这是求道，也是修行。

木匠雕刻，手上的木头纹理复杂，心中构想好的造型，必须解决太多的线索，如果不是手握利器，拥有一把好使的雕刻刀，又怎么能够把木头雕好，成为理想的物品？上山攻坚，劈树开路，需要一把好斧头，如果树丛太密，根茎缠绕太紧太密，就非得要更为锋利的斧头，否则不足以树倒路开。当任务一一完成，正好验证了斧头、刻刀的锋利。所以说“非盘根错节，何以别攻木之利器”。但是，刻刀、斧头是如何锋利起来的呢？当然是经过平日的保养，不断地打磨而锋利起来的。这就像一个人平日勤奋于学习、锻炼，有事时才能够真正大展身手。

人要除害，必须一举成功，否则必遭反噬。好比上山猎虎，以箭射之，必满弓张臂，一箭射出，力道万钧，猛兽毙命，就算是射到岩石上，也是一箭射入，连箭羽都射进了岩石，这样的力道，用来射虎，岂有失手之虞？哪能让猛兽再度暴起伤人？所以说“非贯石饮羽，何以明射虎之精诚”。表示这是一次都不能失手的硬活。但人如何能够“贯石饮羽”呢？都是平日从不懈怠，勤于练习，才能练就的臂力。

人要服务，就是要付出，不计利益，也不计名声，不怕辛苦，否则一遇挫折，就打退堂鼓，这就不是强者的表现了。当然，在付出的时候，肯定要遭受种种挫折，因为所谓的理想，就是要让社会变好，但是一个不好的社会之所以形成，就是有许多恶人恶事在持续进行，你要改善社会，这些既得利益集团，岂能让你轻松得逞？一定是不断找你麻烦，要么在公事上给你吃苦头，要么在私事上对你个人不利，“颠沛”就是公事上让你吃苦头，“横逆”就是私事上让你遭殃，但你是意志坚定地要为社会除害，所以你都能够挺得过去，于是验证了你的坚毅志节。这就是“非颠沛横逆，何以验操守之坚定”。你若不是理想心切，若不是有与众人的一体之仁，你如何能够遭受颠沛、横逆而不退缩呢？这才说明了你“操守之坚定”。

做公众的事情，就是不生气，不骂人，事情自己做，功劳随人享，辛苦来了也不怕，麻烦来了笑一笑，只有事业的本身，没有自己的利害。事实上，社会上的好事，不如此的话，通常是完成不了的，这就说明了主事者的“操守之坚定”。

所以，嘴上说的功夫都是假的，嘴上不说的功夫才是真的。事后的喧哗都是假的，事前的努力才是真的。真正承担天下的人，平日都在勤奋地练功，事情来了都是一举成功，然后安静地回去继续练功，不浪费时间，天天累积，一路都在办成事情，最终练成绝世武功，同时也完成了心中的大理想。

24. 修行是要求自己，学问是随时择地

口里圣贤，心中戈剑，劝人而不劝己，名为挂榜修行；

独慎衾影，荫惜分寸，竞处而复竞时，才是有根学问。

修行就是要提升自己，提升自己就是在改正自己的缺点。但是，人们总是先能见到别人的缺点，却不能面对自己的缺点，这样就不是在修行了，只是在嘴上喧哗而已。当一个人在公开场合或当事人不在场的私下场合数落别人的不是的时候，就是在攻击别人了，这就是“心中戈剑”，内心有怨毒，喷向别人，这哪还是在修行呢？为什么修行的人会去攻击别人呢？因为修行不易，稍一接触，就看到了境界太高，自己够不上，但别人更是够不上，于是心中想的就都是别人的缺点了，嘴巴上说的就都是别人的短处了，把别人说下去了，好像自己就高明了，于是不会去改正缺点来提升自己，而是去践踏别人以标榜自己，好像自己已经修行得很好了，实际上是一点进展也没有。

修行就是修自己，成佛成圣都是自己努力做到的，不是把别人比下去就成佛成圣了，嘴巴上说的全是自己的好，心里想的却是害人的念头，背后做的又是伤人的事情，这就绝对不是修行，所以说“口里圣贤，心中戈剑，劝人而不劝己，名为挂榜修行”。“挂榜修行”就是圣贤的话常挂在嘴边，心中想的做的都是在害人，劝人为善，却不劝己改过，这就是没有修行，不但没有修行，甚至还标榜自己修行得很好了，高悬一个假象，好像自己够着了。

做学问就是要用，把学问用在有用的事情上。但事情是一直来的，要有学问才能应付得好，所以学问要勤快地做。时时在做学问，处处在使用学问，当环境需要你的才华的时候，你的学问早就准备好等在那里要用出来了。这才是有根的学问，扎入地下的学问，进入生活的学问，对人有用的学问，帮助社会的学问。

做学问就是不能懈怠，不能等待，因为环境不断地需要你，所以要勤快，要积极，要把握时间，要随时做学问，才能随时做事情。这就是“独慎衾影，荫惜分寸，竞处而复竞时，才是有根学问”。

“竞处而复竞时”，就是随时随地。但是时依于地，时间有了，场合不对，就不好做学问了吗？并不是的，场合不好固然影响做学问，但也不能场合一不好，就不做学问了。而是要努力把场合弄对，要找适合的场合做学问，就要选择你活动的场合，让自己较多的时间是处于可以做学问的场合中，这就要管理自己的行动方案了。做学问要静待一处，能不换地方的时候尽量不换地方，能在一个地方做很多的事情时就尽量多做，把握场所，积极做事，努力读书，你的学习成长才不会被环境的变化打断，你要做的事情才能随时随地地进行。所以做学问不只是要面对知识，还要处理环境，总是要给自己一个可以干活的空间，才会有读书的时间。然而，空间场合又决定于事情的本身，于是找好的场地等于做适当的事情，你的行业不对，你出入的场所不对，怎么能有好的场合可以用功呢？所以选择行业，选择事情，就有了好的场合；有了好的场合，就能够时时用功；能够时时用功，自然就学问增长能力提升而可以做大事业了。如果不读书，又不学习，一个人如何能有做大事情的能力呢？

25. 畏大人亦畏小民

大人不可不畏，畏大人则无放逸之心；

小民亦不可不畏，畏小民则无豪横之名。

“大人”是道德崇高伟大的人物，他们的存在代表了追求理想的价值观与关怀世人的责任感，而一个能“畏大人”的人，就表示他对于自我是有要求的，并且对于“大人”的服务精神是尊重的。一个人若不“畏大人”，甚至藐视“大人”，他就是在藐视上进和利他精神，这就说明这个人将要堕落了。人一旦有堕落之心，则放辟邪侈无不为之。若是“畏大人”，他自然不会行为放肆了。其实，“大人”或许就在我们的身边，或许我们的世界根本就没有“大人”，但这些都不是重点，重点是，假如有“大人”，那么他们的价值观和做事的态度是什么呢？关于这一点，我们一定早已知道了，于是，只要畏惧自己心中的“大人”，那也就足够了，心中有“大人”的人，这人也就不会放辟邪侈了。所以说到底，就是人要有自求上进和利他为善的理想，人一旦丧失这个理想，还有什么事情做不出来呢？这就是“大人不可不畏，畏大人则无放逸之心”。

“畏大人”能自我警惕、不堕落。“畏小民”则是对他人的尊重，不为恶。“小民”可以是任何人，当然主要指的是平民百姓，重点是位阶低于自己的人，既然尊重每一个人，甚至是位阶低于自己的人，那么你的行为就不会变得粗鲁无礼。人要“畏大人”，也易于“畏大人”，因为“大人”毕竟位阶高于我们，时刻盯着我们，只要是正常的人，都能感受到“大人”犀利的眼神，除非狠下心肠，打算撕破脸，不顾道德仁义了，否则，人们多能畏惧“大人”，只是畏惧不如恭敬，恭敬不如有礼，有礼是最尊贵也最平等的对待，表示自己也尊重自己了。但是，对于地位低于自己的人就不一定了，没有修养的人，通常易于轻视他们，进而践踏他们，甚至伤害他们，这样就把自己的劣根性暴露无遗了，这都是一个人缺乏爱心所致，也就是不仁。所以“小民亦不可不畏”，其实畏惧的是自己的恶念有了出口，一旦奔泻流出，境界就下滑了。“畏大人”是怕自己堕落，“畏小民”何尝不是怕自己堕落！人有上进利他之心、不愿堕落之心，这就是既“畏大人”也“畏小民”的人，其实不是畏，而是敬，诚敬而既仁且礼，自然对大人有礼，而对小民有爱了。所以说“小民亦不可不畏，畏小民则无豪横之名”。

26. 天理人欲

天理路上甚宽，稍游心，胸中便觉广大宏朗；
人欲路上甚窄，才寄迹，眼前俱是荆棘泥途。

什么是“天理”呢？就是天道作用的逻辑，它自身运作的意义，转化成为人类追求的理想。儒家认为，天道是利益天下万事万物的，所以人学天道，就是要有理想，有利他的、服务的人生观，像天道利益万物一般。人要想着天理、想着利他，自己就得事事多做一些。有智慧的人都乐意多做些事，为什么？因为有机会多做事，社会就变得更好，所以愿意多做、多承担，而且自己还有机会锻炼，以获得成长的机会，因此乐于多辛苦一些，这就是心中“广大宏朗”。自己做了更多的事情，当然心情愉快，这就是天理。这些事情做好，下次再要做什么事情，社会都欢迎你，这就是“天理路上甚宽”。做天理正确的事情，心思是单纯的，所以心情也就愉快了。

什么是“人欲”呢？就是利己，甚至损人，凡事计较自己的得失，凡事争取自己的权利和利益，有机会就要抢夺，有成果就不准别人来分享。但是，当你一开始在拿在抢的时候，别人或许不会立刻就跟你争，然而当别人发现你只是自私自利地抢资源之后，别人就会跟你抢了，这时候就会给你带来伤害，而你就需要做很多防备，只要稍一不小心，就会碰到荆棘，踩到烂泥，那就是别人不相让甚至相争之下，你会吃到苦头，这就会让自己过得非常辛苦。欲望、利益这些东西，你要，别人也要。在这件事情上用力的结果，你就要花很多力气纠缠在这些地方了，让你的各种事情都变得复杂而且麻烦，做事情的空间就愈来愈窄了，因此事情会愈来愈繁杂难处理，这就是“人欲路上甚窄”。做争夺的事情，人的心思就复杂了，心情就不愉快了，人家又要阻挡你，你生气，臭着脸，人也变丑了，事情还更难做了，这不就是道路变窄了吗？

“德业毋落人后”，该做的事一马当先地去做，就是落实天理，结果你做什么事情心情都非常愉快。“宠利毋居人前”谈的就是人欲的防治，宠利是人欲之所对，你要，别人更要，结果人人在宠利面前都要争抢，这样就造成你活得很累，活得很累之后，心理就不会健康，结果身体也不健康了，这样就违背了长寿的原则，结果还是为难了自己，所以人欲不要大开，宠利不居人前。

那么，人为何还会抢要人欲而导致事业路窄呢？这是因为他没看明白，以为这样是快捷方式。有利益先争抢再说，结果周围的人看你贪欲炽盛，不跟你争，都让给你，你还不明白，还变本加厉，以为这条路又直又平又快又好走，殊不知，看得见的你都要，看不见的你就得不到了。人看不见的东西才是无穷大的，但这些无穷大的东西早在人家对你的了解中另有安排了，所以其实你失去的更多，人生境界下滑，福气减少，坐吃山空，净啃老本还不自知啊。

27. 服务随时学习随事

道是一件公众的物事，当随人而接引；
学是一个寻常的家饭，当随事而警惕。

道就是追求人生更高的境界，那就必然是为别人服务的生活了，只要是涉及公众的事务，或是别人的事务，就是我们以道处置的时机，因此应该是随事处理的。眼前的一件事发生，总有它公理是非正义的面向，你看到了，觉得它应该是怎么样，是否符合应该的状态，你就要有一定的态度，让它走上应该的道路，让社会面貌清爽。所以，人就是要主动，要警觉，要敏锐，随时注意周遭的情况，出手改善它，创造公众社会更好的环境。所以说“道是一件公众的物事，当随人而接引”。

求道就是要付出，但付出之前先要学习，没有本事的话什么也承担不了，至于学习，就是学习做事的能力，既要知识，也要能力，事情做好了，对社会就是有贡献了。一个人做事的能力决定于对人事的娴熟，而人事的情况就在生活之中，在生活中随时观察人心的状态，适宜恰当地应对之，自己的做事功力就在增进，随时处理好人事，就是随时在练功，随时在进步，随时在学习。“学贵随时”，随时就是随事，有事就做就是求道，做事认真就是学习。一直学习、一直做事，就一直提升能力，人就没有不增长进步的了。所以说“学是一个寻常的家饭，当随事而警惕”。

28. 面对暴徒勿恃己能，兴起妄念不要去做

非理外至，当如逢虎而深避，勿恃格兽之能；
妄念内兴，且拟探汤而疾禁，莫纵染指之欲。

面对外在世界给了我们不恰当的对待时，要首先想到自己的安危，公义是要争取的，但要有条件、有办法，而不是一味逞能，因为事情办不成，公义仍然无法彰显，徒然使自己更为被动、更受捆绑而已，这样并不是争取公义的智慧办法。若是自己的私利受损，那就未必要争取了，人家都不想给你了，还去要，岂不失去英雄气概。君子做事，该给人就给人，只有小人做事情时，该给人却不给人，既然碰到了小人，就不要浪费自己的时间，该做的事情做了，能力就提升了，该得的利益没有得到，那就算了。

既存在于宇宙中，我们也不会吃亏，毕竟我们就是来做事的，如果去和小人争抢自己该得的利益，那就是碰到猛兽了，既然是猛兽，以暴力相向时，猛兽的体力是强大于我们的，那就不要硬去对抗，人体是对付不了老虎的。就是说君子在暴力相向时是对付不了小人的，关键就是，君子只能以理竞争，小人却是放辟邪侈无所不为，因此一时的胜负，肯定是小人占上风了。既然如此，何必去争夺呢？就放弃好了，至少不会失去更多了。所以说“非理外至，当如逢虎而深避，勿恃格兽之能”。不要以为自己有能力与之对抗，因为君子学的是做事情的能力，而不是破坏社会的暴力、伤害别人的戾气，当是非不分，大家都以暴力相向时，只有小人会有胜算，君子肯定是不行的。

面对自己内心世界兴起了妄念的时候，要提醒自己，想想就好了，不要去做这件事，一旦做了，后果就来了。为了不要出现那个后果，就把它想象成一手伸入滚烫的汤锅里，那肯定是立马被烫伤，这样就不会想要去做了。“妄念”是什么呢？就是没意义的事情，办不成的事情，甚至是伤害别人的事情。一旦做了，轻则浪费了自己和别人的时间与生命，重则阻碍了社会和国家的建设与发展，更重的是害人害己，如此之事，岂能为之？所以说，“妄念内兴，且拟探汤而疾禁，莫纵染指之欲”。然而，人为何会有妄念呢？关键就是本来该做的事情没有做好，却又有好胜心，以及贪欲，事情虽然做不好，利益还是想要的，于是就想不以真正的实力去取得想要的东西，就想走偏锋了，妄念就来了。明明不通的事情，还是要干，结果让周围的人瞎忙一场，事情也毫无进展，要不就是大家虚伪一番，办个形式主义的活动，互相消耗生命，满足了虚荣，却空洞得很。人做事，就要实在，人要实在，就要有自我，有理想就是有自我，有了自我，就有了自信，就不会妄念兴起，只要是实实在在的事情，都会有真实所得，都会增益人际关系，也会推进社会建设，若起妄念，那就是最浪费生命的事情。

29. 事情要多做，功劳不要多抢

宠利毋居人前，德业毋落人后，
享受毋逾分外，修持毋减分中。

这一条，是《菜根谭》经典警句中的经典警句。当一个人成为社会的中坚力量之后，就要了解这几句话的深意，并且必须做到以及做好。

“宠利毋居人前”，一个人想着为社会服务的时候，就要对人性认识清楚，既然是大家的事情，就是做事是大家做的，创造出了什么资源，就是大部分成为社会资源，而留下一部分成为共事者的利益。当事情办好的时候，做事的人总会有获益的，或是金钱物资的报酬，或是荣誉美名的加身，这时候，真正有理想有智慧的人，就知道要“宠利毋居人前”了。因为他想的是下次还需要大家一起来做事，所以这一次就要懂得多让些利益给别人。一般人做事就是为利益而做的，有利益就喜滋滋地做，如果这个时候有理想的人在利益的分配上占尽了便宜，那么别人看在眼里就不甚高兴了，而你自己也就谈不上是有理想的人了，你也是一般人而已。有理想的人要把事情做好，需要大家的全力投入，需要一件事一件事持续地完成，想要在这事业的进程中始终保持人际关系的和谐，一直能够被大家接受成为团队中的一分子，甚至可以发挥长才领导众人，那就要让一起做事的人对你满意。对付一般人，那就是事情办成之后的可见的利益，所以利益多让让，该得的得，但有模糊地带时，务必让给别人。切记不要争着得利，这就显然不是为理想而做事了。这个道理不难懂，只是难做到，因为大家都是口头上说得好听，为社会服务，骨子里只是为事成之后的利益报酬，既然该得可得，便忘了别人的观感，以及日后的合作空间，便争先恐后地攘夺利益了，这样，以后宽广的合作空间就缩小了，而作为领导者的主事权也会被撤销了。

“德业毋落人后”，有理想的人就是来做事的，做事就是自己做事而不是叫别人做事，是自己职责所在的事，就义无反顾去做，就算是临时性的、突发性的、偶然性的事情发生，也是自己的事，因为自己有理想，想要事情完成，那他就会顾全大局，没有人做的事情就自己来做，只要是与大局有关的事情，就算事前没有分配清楚，当大家在东张西望、推三阻四时，自己也不能推，因为自己就是希望整个事情做好。既然如此，别人不做的我来做，这样别人既不会忌妒我，事情也可以有个圆满，因为我心中要的是理想，是事情的完成，而不是自己的私利，也不是表面上的契约权益，而就是我愿意事情好好地完成而已。

“享受毋逾分外”，人生在世，有自己的付出，也就有自己的福报，会有现在没做什么，却可以享有什么的待遇，这是过去的积累，只是现在显现出来而已。例如人家对你的礼貌与招待，你被允许使用的资源与器物，对别人而言只是举手之劳、顺水推舟之事，但对你而言就是大大的便利。这时候，要谨记，你是个有贡献的人，所以在各方面受到礼遇是正常的，但若是贡献已经久远，或者根本没什么贡献，人家礼貌待你是人家的格局胸怀，你是否应该受享，或受享到什么程度，就是自己的智慧了。享受过了头就变成要挟别人了，这是很难看的事情。

“修持毋减分中”，修持是一般人际关系互动下的谦虚有礼和宽容博爱，这不一定是针对任何事情，也不一定是在一起做事的过程中，而就是一般场合的互动而已。自己是什么样的胸襟就会怎样待人，是个位居高阶的人，就必须是心胸开阔的人，利益不计较，虚荣不追求，在与人互动的点点滴滴的过程中，呈现应有的自信敦厚，这就是自己的境界展现。如果一味道人长短，计较分寸，人家把你就看轻了，你能互动的层次就低了，自己的格局就降了。实际上，人有何种修为就生活在何种境界中，就会与何种人交流，这些分际就在自己的修持中，不是表现上彰显的虚名，而是内在真实饱满的修养。

30. 碰到私人利害时的两种情形与做法

议事者身在事外，宜悉利害之情；
任事者身居事中，当绝利害之虑。

我们常说是非是公家的事，要讲清楚；利害是私人的事，不用太计较。于是，在公众事务讨论的场合，在行政主管开会的场合，人们纷纷发言议论，然而，当所谈的事情涉及个人的利害问题的时候，该怎么发言呢？这时候，就有两个原则，一个是针对众人的私人利害的事，一个是针对自己的私人利害的事。两件事情的发言态度是不一样的。

当讨论公家事务而涉及主事者的个人利害问题的时候，作为会场的参与者，应该知无不言、言无不尽，帮助众人厘清情况的真实性，让大家可以做出正确的决定，不可以有任何隐藏，公家的事情固然要做好，但对做公家事情的个人，他们的利害问题也要帮人家考虑好。这就是说，“议事者身在事外，宜悉利害之情”。

然而，一旦事情该怎么办决定了的时候，并且决定了就是自己去做这件事情的时候，所有的利害问题就不要再考虑了，因为任务完成最重要，自己的利害就放一边吧。如果得到了新的任命，却一直在计较个人的利害，这样你做公家事情的决心不免令人质疑。并且，当你要求团体必须照顾你的私利的时候，你等于把私利放在公事之上了，这就不对了。所以说，“任事者身居事中，当绝利害之虑”。

你的个人利害是团体及领导要替你考虑的，而不是自己一直提出要求的，当事情是大家的事情的时候，你要替大家考虑私人利害，当事情是自己的事情的时候，你接受大家对你的考虑与安排就好，而不要自己一味要求，自己不去加重领导和大家的负担，这就是承担责任的态度了。归根结底，都是一颗为大家考虑的心。

这两句话，清楚分明。处理公家的事情，个人发言时的分寸拿捏，其实正好看清楚了每一个人的内心世界，所以说，时时刻刻要把自己的心地处理好，否则任何场合的发言，尽是泄露你私欲的机缘。当你一味求私利，别人宽厚时让了你，别人要是不宽厚，就与你对立了。你要被对立还是被宽让呢？都不好吧。

31. 读古书就要心地干净

心地干净，方可读书学古。

不然，见一善行窃以济私，闻一善言假以覆短，是又藉寇兵而赍盗粮矣。

孔孟老庄，是人间的智者、有理想的人，而儒道的弟子信徒们，也是实践理想的人，他们的言行与著作，都是在提醒人们要去追求有价值、有意义的事情。价值理想清楚了，生命就有了去处，当生命有了出路，人们日常生活中的烦恼就变少了，而此时，人就一路成长上去了。但是，学习古人的智慧之后，就是要去做，若是不做，也是白学。更重要的是，要在心理上真正认同，若不认同，学了他们的思想，正好利用这些思想装扮自己的行为，这样等于把古人的智慧拿来当作装备盗寇的武器设备了。

譬如，刻意地去做一件好事，让自己得到好处，目的是后面的好处，而不是善行本身，这就是“见一善行窃以济私”。或者，借由一句好话，掩饰自己的恶行，话是对的话，但是行为不是对的行为，却借着好话合理化自己的行为，这就是“闻一善言假以覆短”。这样，这些古人的智慧岂不被你亵渎了。所以说“心地干净，方可读书学古”。

那么，心地不干净的人就不必读古书了吗？错，这只是好辩者的说法，心地不干净的人更要读古书，只是读了以后，就要让自己的心变干净，而不是仍旧在规避却又利用，这样读了也是白读。

第二讲 分辨善恶

砥砺志节是为了服务社会，服务社会的行为便是善行，伤害社会的行为便是恶行，那么，善恶之间如何分辨？利人利己是善，损人利己是恶；损己利人则是圣，利己不损人则是真，至于损人又损己就只能是愚昧至极了。然而，世人易于自我蒙蔽，那么，知识分子投入社会，如何分辨世人行为的善恶呢？又如何能够坚持自己的善恶之辨呢？又，为善的结果如何？为恶的后果如何？世人能否知晓明白？“分辨善恶”这一讲借由《菜根谭》谈善恶之辨的条文，呈现这个主题的深刻面向。做人，要志向坚定，更要善恶分明。

1. 是非要讲，利害要忘

当是非邪正之交，不可少迁就，少迁就则失从违之正；
值利害得失之会，不可太分明，太分明则起趋避之私。

人生的场景中，许多时候是会碰到需要选择的情况。其实，有些场合，必须清楚分辨，之后做出正确的选择。但也有些场合，其实不必太在乎，不必一定要分辨得很清楚。这两种情况，如何分别呢？关键就是，是公义之事还是私利之事？公义之事，涉及是非对错，涉及大众的安危福祉，因此必须要分辨清楚，且必须择是去非，不可择非去是，也不可含混过去，因为这是我们做人的道理所在。这就是“当是非邪正之交，不可少迁就，少迁就则失从违之正”。

但是，当所面对的事情只是自己的私利的时候，就不必太在乎情况如何了。私利上得的多或是得的少，可以不必太过计较，该做的事情就要去做，而不论自己私利上的得失，所以不必太分明。否则，趋利避害的结果，自己的格局就失去了。这就是“值利害得失之会，不可太分明，太分明则起趋避之私”。

遗憾的是，人们会在意计较的，却多半是私利上的利害，而不是公义上的是非，这也就是人的格局上的差异了。人要明白自己要过的是怎样的人生，追求私利而不顾公义，还是追求公义而不计私利？为公为私不一定取决于人们的财富权势多寡，并不是财势大的就能为公，也不是权势小的就会一味追求私利，它完全就是自己的选择、个人的格局。是非要争个清清楚楚，利害要看得模模糊糊，人就有格局了，格局就大了。你看那些为争私利而面红耳赤的人，会被尊敬吗？不会的。格局大者有人尊敬，格局小的没人搭理，人的分辨和选择，是需要智慧的。

2. 不要做事害了自己一辈子

公平正论不可犯手，一犯手则贻羞万世；
权门私窦不可著脚，一著脚则玷污终身。

人生有一些事情是会让我们抬不起头来的，会“贻羞万世”，会“玷污终身”，意思是说会一直被人家记得，不管人家是否原谅你了，不管人家是否惩罚过你，也不管你是否需要接受法律的制裁，错了就是错了，会被世人永远地记着，记着你的行为，因为它事关重大，因为它就是关乎社会大众的利害的事情，总之，你做了一些社会或个人永远不会原谅你的事情。因此，还来得及收手的时候，一定要收手。哪些事情呢？“公平正论”和“权门私窦”。做了对社会大众有害的事情，不论你如何诡辩矫行，让社会受难就是不对，为了自己的私利，让社会付出代价，就算有些小人与你一个鼻孔出气，绝大多数正常的人还是否定你的，人们心中还是记得你对社会公道的伤害，这就是“公平正论不可犯手，一犯手则贻羞万世”。处理公家的事情，却为了私利而因私害公，这就是犯手了，必然“贻羞万世”。人们为什么会做出伤害社会正义的事情呢？当然就是私欲作祟，而且，与整个社会为敌是需要有强大的意志的，这就是发狠了心，人发狠了心与社会为敌，这样被人写入历史，“贻羞万世”，还有什么好争辩的呢？

另外一种情况是“权门私窦”，既是“私窦”，就没有公义在其中了，都是为了私利，假如是为了公义，那只会忍辱负重、委曲求全、顾全大局、牺牲小我，是绝对没有争斗的行径的，“美成在久，恶成不及改”。成全美事要有很多谨慎与付出，破坏大局只要发个脾气就好了，所以私斗就是为了私利，参与权门的私斗，就是为了私利，而不是为了社会的公义。既是权门，势力必然庞大，私斗起来，阵仗必然不小，社会代价也高，但是一点荣誉都没有，就是野兽间的撕咬而已，一旦撕咬，永不摆脱，你一时打倒不了对方，必然终生与之纠缠，成了永远的梦魇，成了你生活上的常态。所以说“权门私窦不可著脚，一著脚则玷污终身”。既无荣誉，又无速利，还要蒙难，且陷险难，无法挣脱，何智之有？

3. 恶中善与善中恶

为恶而畏人知，恶中犹有善路；
为善而急人知，善处即是恶根。

为善为恶一念之间，端视自己的发心。善就是利他之行为，恶就是损人之行为。为善自然受人感激，为恶自然遭人厌恶。

人为何会为恶呢？总是懈怠、贪心者会为恶，懈怠就匮乏，想要东西时就会为恶，贪心者永无餍足，想要资源时又要为恶。然而人都有良知，都有羞耻心，不是大奸巨恶之人，为恶都自知理亏，知道这是不对的，知道会遭人唾弃的，在被察觉之前，都担心哪天被知道了自己就很羞愧了，这就是“畏人知”，表示羞耻心还在。畏人知与阴恶是不同的。阴恶是有意为恶，却欲将恶行推给别人，让别人去承受为恶者应受的惩罚，自己却躲在后面，这种恶对受害者的伤害更加沉重，受害者甚至不知道是谁在为恶。至于“畏人知”之恶，并没有去遮掩这个恶行，人家只是还不知道受害了，一旦知道受害了，也就知道是谁为恶损人了，就会来指责为恶者，这个为恶者担心的就是被知道了，所以始终在畏人知。但也有为恶者摆明为恶，恶行恶状，这叫阳恶，仗着自己势大，不畏人知，不怕报复，因为知道受害者无力报复，这也是巨恶。为恶而畏人知者，知道自己不对，尚有羞愧心，一旦被知道了，无地自容，这种人心中还有是非，这种羞愧心让他有可能承认错误，以至改正，表示还有救，并不是大奸巨恶之人，这就是“为恶而畏人知，恶中犹有善路”。

人会为善，是因为心中的良知，良知以助人利他为准则，这是为人应有的品格，为善之后，得人敬重与感谢，增进了自己的福报，福报就是受人敬爱，以至讲话有人听，做事有人帮。然而，人为善，是为了他人的需要，也是自己该为之事，事后有无他人之感念敬重，并非为善之目的。但是，有人为善却是为了这些后续效用而做的，这就变成只是利用善行在攘夺利益而已，这就有违为善之意了，这样的为善，携带着自私的利益，那些被帮助的人与事，只是被他利用的事件、行为而已。这样的为善，只是演一出戏，目的在私利，为达到私利的目的，善行必须被人知道，人若不知，利益不得，于是急于人知，这就是“为善而急人知，善处即是恶根”，这个恶根，都是导向私利的。

善是善了，善中有恶。恶是恶了，恶中有善。当然，恶中有善还是恶，善中有恶还是善，希望人们做事，善中无恶，至于恶中之善，就让自己去恶向善吧。人心固然隐微，但智者一望便知，只是没说破，所以人贵自知。

4. 阴恶阳善莫为

恶忌阴，善忌阳，故恶之显者祸浅，而隐者祸深；
善之显者功小，而隐者功大。

做坏事和做好事都会对别人、对社会产生影响，但同时也会对自己产生影响。这一条主要谈对自己的影响。坏事当然是不好的，好事当然是好的，但是“恶忌阴，善忌阳”，这是对善恶之事的后果的评量。

“恶忌阴”是要说明坏事还可以分坏事中不是太坏的事，和坏事中真正非常坏的事。真正对自己影响最不好的坏事，那就是“恶忌阴”的事，什么意思呢？你做坏事伤害别人时，始终不让人家知道是你做的，你把自己隐藏起来，甚至把罪过推给别人，这就是阴恶。一般的坏事是，你走在路上很没有礼貌，很粗鲁，你打了人家一拳，人家回击你一拳，于是你的鼻子被打歪了。你当下做了这件坏事，当下就受到惩罚，这就叫作阳恶，你作恶，人家怨你，但也报复你了，气也就消了。但是，你做一件坏事，叫别人去打人家，结果人家被打了，还不知道是谁教唆的，这就叫作阴恶。阴恶比阳恶更加恶，既为恶又不承认为恶。可是，这种恶行的结果，其实会让自己遭受更大的报复，自己反而受害更深，因为别人受害之后的愤怒不知道要找谁发泄，只能累积着，但是哪天他发现了，知道了，他对你的怨恨是十倍、百倍的，那个时候你就更难摆脱这个愤怒和仇恨了。所以说，“恶之显者祸浅”，因为你当场已经被惩罚了，别人的气也消了。但是“隐者祸深”，因为你没有被惩罚，因此你的那个恶念也一直在心中，继续为恶，更深地隐藏，与此同时，别人的受苦也一直在心中缠绕，他没有机会平衡，哪天他知道了，你会受到更大的报复和伤害。

“善之显者功小”，善是做了好事，别人也表扬你，这当然是一件好事，是一个圆满的结局。但“隐者功大”，做了一件好事，别人不知道是你做的，因此你没有被人表扬，或者别人没有能力报答你，你依然愿意做这样的善事，说明你胸襟大，能力大，福报大，这才是真正最好的善事。当然你做了好事，被人知道，人家要感谢你，你也无须推辞，但是这个感谢要符合比例，不要接受过多的感谢，更不要去期待这样的感谢，这才是为善的真谛。然而，如果你做了好事，别人却完全不知道，而你还是乐意去做，这样就非常好，表示你真正是为了为善而为善的。而且你今天做，明天做，后天也去做，天天都在做好事，这就是有智慧的人的日常生活。有智慧的人天天都在做好事，没有智慧的人做了一件好事，花了一辈子的时间抱怨别人没有感谢他。有智慧的人今天做一件好事，明天又做了一件好事，每天都做好事，每天能力都在成长，结果能力越来越强，对社会贡献越来越大，自己的境界越来越高，福报也越来越大，他根本不需要别人感谢，他自己的受益才是最大的，所以说“隐者功大”。

看一个人为善为恶的表现，可以知道他的真正的格局。人都会为善也会为恶，但行为的背后还有真正的动机，做了恶劣伤人之事，又不肯正面示人，一味逃避责任，恶行以遮掩的方式进行，让受害者不知道是谁害他的，但最终往往会被发现的，或者是人家早已知道，只是没有证据不能指控而已，因此对施害者的怨恨是更加倍地怀怨在心的，以后有机会反击时，绝对加倍奉还，故曰“恶忌阴”，忌阴是说这种恶行恶劣至极。若是公然为恶，人家当场反击，反击完了，怨恨也消了，施恶者自己怒气发完，以后也没事了。所以，“恶忌阴”，“恶之显者祸浅，而隐者祸深”。

为善之行，是为了需要帮助的人而做的，不是为了让自己显耀。但是，人们常常又只是为了自己显耀，而去做助人之举，于是其善行公然于天下，同时也得到了想要的恭维，这就是“阳善”。阳善有时很让人难堪的，对于受助者，始终被压在地上践踏，心中十分不快，这种善行可以说根本也不是善行了。若是“为善不欲人知”，自己的修为上升了，被助者心中的感念也将永远存在，“夫唯弗居，是以不去”[①]，故而，“善忌阳”，显善功小，隐善功大。

① 《道德经》第二章。

5. 微善勿退，微恶勿萌

尘许旃檀彻底香，勿以微善而起略退之念；
毫端鸩血同鸩毒，莫以细恶而萌无伤之芽。

这两句话就是“勿以善小而不为，勿以恶小而为之”的意思。“旃（zhān）檀”是红色的檀木，一小块旃檀木就让室内溢满了香气，所以，人都乐于在屋中置放檀木，或点起檀香熏烧，让室内气场良好。这就是“尘许旃檀彻底香”。人的行为亦然，只要你是在为善，当下的善念善行就让你整个人的状态改变，会因一件小事而带动你的生命能量，朝向正面阳光的路去走，所以说要好事愿意做，一件小的好事，做了，心里舒畅，不做，搁在那里，总有不安，所以说“勿以微善而起略退之念”。不要嫌善小，善小善大都是善，起了分别心就是计较了，一旦计较，大善也不是什么善了，只是生意。事实上，小善都是举手之劳，甚至就是生活中的素养。与人讲话，口气温和时常鼓励，和人相处，态度良好宽容退让，一旦做事，勤快负责不计利害，这些都是小事，都是微善，但就呈现了不凡的人品，令人尊敬、喜爱。大善是心中的理想朝向目标勇往直前，小善是个人的素养在生活中善待周遭，两者相辅相成，没有小善的素养，何来大善的理想？王阳明就提“成色分两”说，金子贵在成色，不在重量，成色足而为金，成色少便不是金子了。圣贤与凡夫一般，只是行善，没有大小之分。

“鸩”是一种有毒的鸟，鸩鸟喜吃毒蛇、蝎子，羽毛、粪便、血液都有毒，人稍沾之即能致死。所以“毫端鸩血同鸩毒”，切莫沾之。人的行为亦然，损人利己就是恶，恶事就是恶事，无关大恶小恶，当然，大恶害人深害人多，小恶害人浅害人少，但人在小恶中时，心中不善，慈心退却，继续下去，越陷越深，以后更难回头了。人处于良善状态，就要一直保持下去，“莫以细恶而萌无伤之芽”。为什么细恶就会做了呢？其实就是心中已经偏邪了。人心为什么会偏邪呢？就是贪欲，权势名位、金钱物资，人人都需要，但是，都要用实力去取得，若起贪念，朝损人之路去走，细恶就发生了，于是万牛莫挽。人如何不起贪念呢？勤劳、努力工作、认真做事的人就不会起贪念，在做事中成长的人心情愉快，对自己充满信心，就不会痴心妄想，也就只走正路不走邪路了。

6. 要做有意义但没目的的事情

为善而欲自高胜人，施恩而欲要名结好，

修业而欲惊世骇俗，植节而欲标异见奇，

此皆是善念中戈矛，理路上荆棘，最易夹带，最难拔除者也。

须是涤尽渣滓，斩绝萌芽，才见本来真体。

做事要做有意义的事，也就是自己成长或利益他人的事情，但是不要做有目的的事情，也就是夹带自己的私利欲望的事情。

上面这一段文字就是在说要做有意义但没有目的的事情。因为一旦夹杂了自己的私欲目的，这件有意义的事情就不美了，甚至根本就走偏了，只是利用了这件有意义的事情而已，实际上是利己而已，此时，利人的部分就少了。

为善是有意义的，但“欲自高胜人”是有目的的，想要满足好胜心，表现自己比别人强，借由助人而觉得自己能力强，甚而压制别人，这是幼稚的，没有真正的关爱之心，被你帮助的人会怨恨你。

施恩是好事，对别人有所需求的事情助其完成，这是好的。但是，“欲要名结好”，就不好了，你助人是因为对方的需要，而不是因为自己利益的算计，结果你要名结好，这样就还是在利用别人，标榜自己善行的形象，有时候甚至会只对有益于自己形象提升的对象才施恩，而不能对所有有需要的人做好事，这等于是在做买卖了，而不是施恩。

修业是做对众人有利的公共事业，修好一条高速公路，办好一个盛大的典礼，打胜一场战争，这些好事做了对大家有益，但若是做事时惊世骇俗，就是为了自己的名声而做了，期望扩大这件事情的宣传效应，不只要管事情本身对众人的生活改进，还要顾及事情对自己的美名形象的助力，惊世骇俗就是要让这件事情特别到众人不注意、不谈论、不议论都不行，当然，谈的都是自己的名号，表示这件事情做得够惊世骇俗了。这与非常手段不同，非常手段的事情甚至就是为恶的事情，为达目的不择手段，所以叫作非常手段，既然如此，那就不是修业了。所以，惊世骇俗是借由立业的好事而刺激众人眼目，动见世人观瞻，还是一个虚荣之心作祟的结果。

“植节”是不做不该做的事情，不为利益而扭曲自己的人格，不畏强权而放弃应有的节操，这是自己立得正而站得稳，但是如果“标异见奇”，那就是把自己的节操当作文宣的题材，甚至表现节操的方式还要标新立异，那就是要天下人皆知自己多么有节操，这不是好慕虚荣是什么呢？“修业而欲惊世骇俗”是借由做事业而夺名声，“植节而欲标异见奇”是利用自己的操守而夺名声，两者都是余食赘行。

以上都是把一件好事给做坏了，为什么变坏了呢？是因为都有私心在作祟。“此皆是善念中戈矛，理路上荆棘，最易夹带，最难拔除者也”。以上这些作风，其实都不是真的在做有意义的事，不是真的在做利益众人的事情，而只是在标榜自己，为了自己的目的在做，其实就是在做生意，利益之心为主导，欲望之心为动力，行为的本身只是表面现象，背后夹带了戈矛，就是欲望的动机，所以谈不上正人君子之作为。

若要谈真的正人君子之作为，“须是涤尽渣滓，斩绝萌芽，才见本来真体”。也就是这些夹带的作风都要消灭殆尽，那些利益之心、欲望之心的妄念都要消除，才是真性情、真君子、真豪杰。

事实上，人都好名好利，但只有有德之名才是真正的好名声、真正的美名。但那是别人心中对我们尊敬才有的美名，却不是自己借由种种作为去招揽来的。人都要好名声，所以就要做好事，则美名自然过来。但如果自己并非真有德行，做好事只是表面上的，根本上就是好名而已，好名就是好利，夹带着这样的态度所做的好事就是虚妄的、伪饰的。所以表面为善不是真善，不要被自己的表面行为遮蔽了，要正视自己的内心，做事就是做没有目的的事情，只要是意义清楚的事情就去做，做了就结束，没有额外的目的，这样你的德业就在无形中日日增长了。

7. 为善福慢长，为恶势渐消

为善不见其益，如草里冬瓜，自能暗长；
为恶不见其损，如庭前春雪，势必潜消。

为善日后有福，为恶日后有祸，这是天经地义的事情。但是，人们未必敬畏。因为，为善不易直接得福，为恶却有眼前利益。所以，人若无理想，自然易于为恶，而难于为善。其实，为善就是做好事，使自己成长，让社会变好，点滴累积，不断增加。为恶就是做坏事，让别人受害，让社会退步，一直积累，没完没了。所以，人要看明白。善是必为的，“为善不见其益，如草里冬瓜，自能暗长”，指的是自己的福气日日积累，人生愈来愈稳，生活愈来愈好；恶是不能为的，“为恶不见其损，如庭前春雪，势必潜消”，指的是攘夺来的利益，只会制造纠纷，让生活混乱，也会引来仇恨，让人生陷入困境。

第三讲

人情练达

一个人能够立志为社会服务，又在善恶行为的分辨上清清楚楚之后，那就可以在社会事务的应对进退上，展现处世的智慧技巧。人性是复杂的，情感是丰富的，心事是隐微的，要服务社会而行善，就是做利益众人的事情，但对复杂的人心而言，如何做才是对他好？这就要懂得人情世故了。《菜根谭》就是充满了处世技巧的智慧宝典，“人情练达”这一讲是由自己出发，以自己可以掌握的角色与方法对待世人。能做到这点的人，通常在集体里就十分受欢迎了。

1. 处事要担当，但也要放下

宇宙内事要力担当，又要善摆脱。
不担当，则无经事之事业；
不摆脱，则无出世之襟期。

“宇宙内事要力担当”，这是毫无疑问的。做人首要在服务的人生态度，碰到该做的事情就去做，就是担当，而且要担当得好，这当然需要有能力、有实力，所以人的一生都应该持续努力，不断学习，以培养能力，以增强实力，以便任何时刻当环境需要我们承担的时候，就可以把事情做好，可以照顾我们所爱的人和所钟爱的社会与国家。然而，为什么“又要善摆脱”呢？这是因为，事情做得好，就是荣誉，也连带利益，而世人皆好胜好争，看你行了，他以为自己也可以，于是也想来担当，其实就是想来享用资源权力利益，就要跟你争抢了，而这也就到了自己该离开舞台的时候，否则，利益冲突就发生了。我们不是为占据利益而承担责任的，我们是为服务做事而承担的，那就让出来吧。“不担当，则无经事之事业”，所以要担当；“不摆脱，则无出世之襟期”，若不摆脱，就会变成资源利益的霸占者。君子为人应抱出世的心，做入世的事，这就是智者的进退之道。

舍弃了舞台就失去了一切吗？不是的。有能力的人一直在学习，永远有可为之事，当下一次更艰难的任务出现的时候，也只有你能出来担当了，人家也只信赖你的承担，那就再站出来吧。世道如此，人心欲壑难填，布建好的舞台，让给别人无妨，只要他也能把事情办好。

2. 懂得退与放

进步处便思退步，庶免触藩之祸；
着手时先图放手，才脱骑虎之危。

人要为社会做事，做了，自己会成长，社会会进步。但是，社会进步了，人心的贪欲就来了，会有跟你抢事业的，这时候，又是你该退步的时候了。一件事情的成功，一定是众人完成的，除非是自己练功写小说，这是一个人的事业，但凡是社会的事业，就都是众人共同参与的，你的事业是大家协助而完成的，共事者以你为中心，但也会有想要以自己为中心的。退步就是把机会让给别人，把位子让给别人去做，如果不让出位子，与人较劲，别人会开始掣肘，就会让自己进退维谷，这就是“进步处便思退步，庶免触藩之祸”。也许有些无奈，但考虑自己的初衷以及人性的负面，先放手的好，毕竟自己在全胜之时放手，一切条件良好，退也退得漂亮，接手的人也不为难你，还会感谢你，视你为前辈，有困难还找你帮忙，视你为自己人，以后在团体中自己的地位还是尊贵的。毕竟，别人也有成就感的需求，就算是事功的贪欲，只要事情干得好，为大局着想，也为自己着想，更为他人着想，就让出来。人的成长是缓慢的，人家想到成功，未必想到人际关系的宽容，你想到了，境界更高了，便免于“触藩之祸”了。

“着手时先图放手，才脱骑虎之危”。这句话的大意和前一句是一样的。一旦你上了台面不肯下来，人家本来是支持你的，但人家也会想要自己站上舞台，结果舞台你占着不放，人家来抢，给你难堪，你为了维护自己的权益，就必须更拼命地在舞台上表演，却失去了一些人的支持，使得事情更难做了，这时候就容易遇上危险，想要摆脱，很不容易，这就像是骑虎难下了。

人做事，既要追求理想，也要顾及人际关系，重点是鼓励有理想的人，但更要关注有野心的人，不要让别人的野心成了自己事业的阻碍。只要不制造仇人，就算有野心的人，也不会与你为敌的。只要他能把事情办好，人有野心也没关系的。做人就要懂得跟任何人相处，也许有一天，有野心的人也懂事了，他也会让出舞台给更年轻气盛且更有野心的人，这就是成长，也是交替，换别人成长的同时，自己也再度成长了。

3. 镇定与潇洒

士君子持身不可轻，轻则物能挠我，而无幽闲镇定之趣；用意不可重，重则我为物泥，而无潇洒活泼之机。

“持身”，是生活的目标、人生的理想、个人的修为、进行的事业。这些事情，是一个有用的人必有的内涵。为人必须要有内涵，才有自己的人生，人生主轴定了，做什么事情就清楚了。什么事情重要，什么事情不重要；什么事情紧急，什么事情不急，都清清楚楚了，就不会因为一时的状况而改变人生的轨迹。所以说“士君子持身不可轻，轻则物能挠我，而无幽闲镇定之趣”。很多人做事，想东想西，没有长期规划，忽而做这个，忽而做那个，或者是，碰到重大的选择，便不能坚持自己的价值观，这就是“我为物泥”，被外在的事情演变而搅乱了自己的步调，其实就是没有真正的事业的人才会这样。一个有事业的人一定是各种场合有主见的人，该进的进，该退的退，该拿的拿，该放的放，一切以自己的主轴事业为行止进退的标准，这样就“幽闲镇定”了。否则就会患得患失，因为好处都想要，拿不动的也要拿，该放的放不下，就不幽闲也不镇定了。

“用意”是处理事情的个性和态度，“用意不可重”，事情要做，但是做事情的态度要从容，方式要灵活，如果个性执拗的人，做什么事都非这样、非那样不可的话，人家就很不好配合，一件事情就要花更多的力气去做，这其实是给自己设限，就是“我为物泥”了。会做事的人，看准了事情怎么做才算是成功，抓重点就好了，做事都是和大家合作去做的，会给人家自由的空间，事情办好就行了，至于怎么做，用什么材料，在什么地方，花多少钱，都自由一些，这样就灵活了，就有了“潇洒活泼之机”。所以说“用意不可重，重则我为物泥，而无潇洒活泼之机”。

这两句话讲的都是日常生活的状态，关键都是人有自己的目标，追求自己的目标，遇事幽闲镇定，做事潇洒活泼。

4. 气度与操守

气象要高旷，而不可疏狂；心思要缜缄，而不可琐屑。
趣味要冲淡，而不可偏枯；操守要严明，而不可激烈。

“气象要高旷，而不可疏狂”，什么叫作高旷？高旷就是我有理想，我希望我们社会好，所以会做一些对社会有益的事情。什么叫作疏狂呢？疏狂就是我行我素，自己觉得了不起，对组织没有贡献，所以情绪浓烈，任何场合讲话都咄咄逼人，他做的事情究竟是利益了我们的组织呢，还是他个人呢？其实就只是利益了他个人而已。高旷就是做什么事情都想到利于团体，疏狂就是什么舞台都有他表现的机会，但都不是利于团体，仅仅是个人意气爽快而已。

“心思要缜缄，而不可琐屑”，什么是缜缄呢？人一己百，人十己千，这件事情、这个工程一定要百分之百地圆满完成，这叫作缜缄，用自己的专业和丰富的经验把事情做好，想到的都是跟事情的发展有直接相关的细节，任何细节都不放过，这才是缜缄。什么叫琐屑呢？做事情根本就没有掌握到重点，只是表现出非常卖力的样子，让领导不要指责自己没有认真干活，所做的事情跟大局没什么关系，其实就是躲藏在某一件琐屑但不重要的事情上消耗精力，让人家不会把他从这个不重要的位置拉到另一个重要的位置，因为他已经把自己绑在那个不重要而琐屑的事情上了。人要怎么样从琐屑中解脱，变得缜缄呢？

那就是要学习。人为什么要学习呢？因为有理想。没有理想的话，事情随便做一做就好了，交差了事，就不可能缜缄，这样就会躲在不重要的事情中演戏。这样的人都不会想要学习的，一旦不学习，平常所做的事情都会是不重要也不急的琐屑的事情了。人要有理想，才会有能力，才会愿意学习，为了学习，可以花两倍甚至十倍的时间。如若不然，对一些不专业也不重要的事情还要花上两倍甚至十倍的时间，那就只是挖个地洞躲在那里，不要让领导看到我有空闲，不要让别人把我拉走去做更重要的事情，如此而已。最后，人就变得愈来愈无能，愈来愈琐屑了。所以，人要有理想，但人为什么要有理想呢？因为你有非爱不可的人，你的家人、你的朋友、你的同胞、你的社会，你希望他们好，希望社会好，你就会有理想，你就会在专业上好好地学习，在做事的时候缜缄地落实，而不是躲在琐屑中逃避责任。

"趣味要冲淡，而不可偏枯"，趣味是什么？是你的兴趣爱好，人是可以有兴趣爱好的，只不过，在做公事的时候，要放下你的兴趣，专心在公事上。有这个兴趣可以，但可以玩也可以不玩，有时间就玩，没有时间就放下。好的连续剧不要一次看二十几集，看个三五集，没时间了，就停下来，过三五个礼拜后又有时间了，再看个三五集，这样非常好，这叫作冲淡，就是没有被兴趣爱好阻碍正事的进行。什么叫偏枯呢？知道明天要上班，非得一次看二三十集连续剧，上班时白天就恍神，下班以后又看了三十集，到了第三天，被领导看到你眼眶红肿，精神不济，瞌睡连连，你把他付薪水来工作的时间用来补觉，碰上今天要开重要的会议，但是你满脑子都是那个连续剧的情节，人活在21世纪，心思却跑到大汉天威、康熙雍正或者外层空间去了，这就是太偏枯，轻重不分了。

“操守要严明，而不可激烈”。什么是严明呢？就是要求自己要严明。什么是激烈呢？就是要求别人很激烈。人能坚定地要求自己，这叫作严明，严以律己。只会激动地指责别人，这叫作激烈，严以待人。激烈会造成人际关系的冲突，会使得以后愿意帮你做事的人越来越少。你担任主管，大家都会想从这个单位调走，你就没有你的好下属了。好人都是好说话的人，对人不必太严苛，不对人“激烈”，而是对自己严明，要求自己意志坚定，别人的操守是别人的事情，要委婉规劝，期待对方改过，不是严厉责骂。有时候，这种行为就是色厉内荏而已，装模作样，利用别人的过错显示自己的正义，其实就是抢夺资源的行径而已。

《人物志》中就说人有三种等级，碰到大事情来的时候，“急己缓人”的境界是最高的，“急己急人”是其次，最差的是“急人缓己”。自己努力做，也要求人家继续做，今天下班大家不准回家，留在这个地方，我没有走谁也不能走，这是“急己急人”，至少他做到了急己，但他也急人。另外一种就是“急人缓己”，这件事情一定要完成，要是别人没有完成绝对不能回家，然后他自己就回家了。最高的境界是“急己缓人”，这件事情很急，我留下来，你们谁可以留下就尽量留下来帮忙。你家里有小孩，你不用留下来，你赶快回去，明天早上准时上班就好，明天早上来帮我们把今天完成的东西寄出去就好，碰到这样的领导的时候，这让下属多么感动啊！也许他回去弄好，没事了，晚上九点多又跑来单位，因为他家里的事情已经搞定，他非常安心，只要工作今天晚上完成，他今晚就可以帮忙把东西寄出去。“急己缓人”是境界最高的。这也像是严明和激烈的差别，做领导的要求自己严明就好，要求部下时不要太激烈。

以上四条，都是做事情的态度，会做事情的人才能够做到。关键就是自己有实力，重视自己的职责，同时关心周围的人，这样的人做事，总是属于成功的一方。

5. 用情与好礼

贫贱所难，不难在砥节，而难在用情；
富贵所难，不难在推恩，而难在好礼。

贫贱者，只要仍是有理想的人，必然是会砥砺志节的。但是，在自己还没有成功以前，不免会有心理上的障碍，于是就态度不自然，多少有些自卑，因此也就有可能自大。人心一旦不自然，情绪的表达就会过度，对于别人的贫贱，也许会过度斥责，也许会过度同情；对于别人的富贵，也许会过度欣羡，也许会过度不屑。这些都是情绪没有调理好的表现。没有必要有情绪的事情，都会暴露情绪，这就是因为贫贱状态的本身，对他自己已经造成巨大的压力了，难以释怀，不能排遣，固然积极奋发，心中仍是不圆满，这就会表现在与人相处时的态度上。《中庸》说“发而皆中节谓之和”，就是指情感的抒发要符合节度。人在贫贱中，必须要有良好的心理，其实现代社会，没有什么真正贫贱的，只是不富裕而已，要能自在坦然，那就必须是一个真正有理想的人，是为了服务而必须提高能力因而砥砺自己，而不是为了摆脱贫贱与富人等齐而砥砺自己，若是后者，难免会有攀慕或卑琐的心态，这就会造成外在表现态度的不当了。贫贱不是问题，好慕虚荣、没有志气才是问题，如果有志气、肯努力、有理想，视富贵与贫贱齐一，没有委屈感，也没有高傲感，一切自在，就不会有不当的情绪了。这就是“贫贱所难，不难在砥节，而难在用情”。一般人财富不如人，难免自己心理作怪，若此人能不作怪，能守贫，能守富，就是能担当责任的人了。

当然，富贵时又是另一番风景，富贵之人，不难于乐捐助人，却难在助人时仍谦恭有礼。对于众人，心中有爱，真正关心，出于关爱之心，必然有礼，若缺乏关爱之心，只因自己有钱，也不吝啬，施与相助之时，多少缺了点尊重之情，从根本上忽视别人的感受，甚至有意高己低人，这就又多了一份傲慢之心了，不是心中富贵之人，只是外表富贵而已。所以说：“富贵所难，不难在推恩，而难在好礼。”好礼者必有仁德之心，有仁德之心者必然关心他人的感受，能关心他人的感受者，无论助人做事，都让别人感受到温暖和舒服，不让别人觉得卑下，不让别人难堪，必须让受助者感到自在，这人就不只是富贵助人，更是智者布施了。

人心是多虑的，智者是细腻的，问题不在贫贱富贵，而在心理的健康。心理健康的标志，就是情绪挥洒恰当，待人谦恭有礼。

6. 有操守者必不露锋芒

淡薄之士，必为浓艳者所疑；
检饬之人，多为放肆者所忌。
君子处此，故不可少变其操履，亦不可露其锋芒！

淡泊者在任何时刻都情绪稳定，不因为环境骚动而情绪激昂，浓艳者喜慕喧哗，任何时刻，促动场面热闹。淡泊者有他的意境，浓艳者有他的用处，都是正常的人性状态。然而，淡泊者易淡泊，淡泊之时，不惹事。浓艳者就不然了。“淡薄之士，必为浓艳者所疑”，就是说，浓艳者情绪强烈，喜人随己，偏偏淡泊者不喜随人，则难免“为浓艳者所疑”。疑什么呢？疑其不认同自己兴奋之事，则不免有己意被忤逆的感受。这就会对淡泊者有些不满，甚至引出威胁之态了。其实，浓艳者是有贡献的，他可以促进情感交流，鼓动人心激昂，如果内心还能更细致些，能不忌疑淡泊者，相反地，还懂得欣赏他们，则浓艳者必为优秀的领导，而淡泊者必为优秀的下属，各自两相宜，岂不甚好。所以人有个性的特殊性不是问题，问题是不能欣赏不同个性的人的时候，彼此就看不顺眼了，所以人要有自己的个性，但更要有尊重别人的个性的胸怀。

“检饬”之人，自己约束自己，重视各种场合中的自我形象，绝不同流合污。“放肆”者一味奔放，不顾成法，不受礼俗，任何时刻以驰骋自己的感觉欲望为重，一旦碰到“检饬”之人，意气抒发不开，难免不对之记仇。所以说“检饬之人，多为放肆者所忌”。检饬算得上是美德，只要不是假装的就好。放肆就算不上是个好习惯了，放肆者易生事端，检饬者首当其冲，冲突也难免了。

那怎么办呢？“君子处此，故不可少变其操履，亦不可露其锋芒”。这里讲的“君子”，指的就是淡泊者和检饬者，淡泊和检饬都算得上是美德，然而几乎不可避免地会被浓艳者和放肆者忌惮。但像君子这样的自立之人，岂能为人所动？岂能因人之不喜而改变情操？情操不可变，来往却须考虑，考虑什么？考虑自身的利害，不为趋利，只为避害。不知利害固是君子，知利害之余而能不趋利却可避害者，亦是智者应有之作为。智者的做法就是“不可露其锋芒”，意思就是，不要让“浓艳”“放肆”者注意到自己，不搅和就好，但不可强调不屑与之为伍，这样就是直接人身攻击，人家已经忌惮你了，你还刻意彰显与他人的不同，刻意显现自己的清高，凸显别人的粗鄙，这不是宣战是什么？这样的做法，人家岂能不与你为敌？这是自己的初衷吗？所以，凡事要多一个细腻的关照之心，自己淡泊、检饬那是自己的修养，但绝对不要去凸显、指责、数落别人没修养，遭人仇视已是必然，自己好胜更是不宜。

这世界不是只有你自己一个人在舞台上演出，不是只有一种角色、一个主角，人人都爱上台，都想赢得喝彩，你喜淡泊、他喜浓艳，你能检饬、他爱放肆，自己做好自己就好，不要干扰别人的角色扮演，所以不必显露锋芒。

人都淡泊了，却淡泊得露锋芒，人都检饬了，却检饬得露锋芒，这岂不是利用淡泊与检饬又在标榜自己了吗？这样的人其实不是真正淡泊与检饬。人要求自己就好，不必要求别人。避开麻烦都来不及，还要去招惹吗？所以，真正的君子就是要不露锋芒。

7. 真英雄的真本色

小处不渗漏，暗处不欺隐，末路不怠荒，才是真正英雄。

真英雄就是能承担、能做事、坦然光明、不畏艰难的人。

“小处不渗漏”，就是做事注重细节，心思缜密，不遗漏重要细节，不因疏忽而坏了大事，这样的本事，就需要心静又耐得住的个性才能做到。“暗处不欺隐”就是做事光明正大，不欺暗室，不论人家知不知道，做事情的时候该如何给人家就如何给人家，绝不缺斤短两，这是我们自己为人的格局，要坚守住。“末路不怠荒”，是一旦碰到情况紧急严峻、环境险恶无路，依然保持镇定，思考如何脱困，同时拯救众人，而不是呼天抢地、哀号哭泣、束手无策，放任局面变坏而逃避，这是无能的人的做法，一碰到事情就等着别人来救。若是“真英雄”，他永远有面对艰困的勇气，一定自己把责任扛起来，自己不会倒，众人社会国家也不能倒。“真英雄”就是做事能够成功而不败坏，待人绝对真诚而不欺瞒，处世绝对肩挑大梁而不逃避。

以上这样的品格，关键还是心志与能力，有理想的人不欺骗世人，有能力的人不临事而惧，这需要长时间的累积。小事认真做，培养不渗漏的精明，好事愿意做，培养承担的勇气。人为什么会碰到末路呢？不一定是自己的原因，时代的因素更会使人遭遇困境。但是，真英雄就是能够在这样的局面中还屹立不摇，不会被击垮。他保持镇定，思考出路，勇气十足，大步向前。这一定是有能力、有理想的人才能做到的。

8. 过误与困辱，人己不同方

人之过误宜恕，而在己则不可恕；
己之困辱宜忍，而在人则不可忍。

人人都会犯错，然而犯错后的态度却是人各不同的，有的人肯认错，有的人不肯认错。对于别人的错误，有的人会原谅别人，有的人不会原谅别人。那么，怎样做才是最适当的呢？犯错当然就应该承认错误，但重点是犯错了应不应该被宽恕呢？智慧的做法是，别人的过错尽可能宽恕，自己的过错则一定要承认并且改进，而不宽容自己，也就是可以对别人宽容，但要对自己严厉。宽容别人，只要对方认错了，就助他改过，这就是“人之过误宜恕”。所以，宽恕是对别人认错的宽恕。若是自己犯错了，则是要承认错误，接受惩罚，并且努力改进，而不是不接受惩罚，也不可以要求别人宽恕自己。承认错误就等于接受惩罚，不管这个惩罚符不符合比例，承认错误又不肯接受惩罚，就等于没有承认错误，只是借着承认错误来抵挡惩罚，这是一种非常投机的行为。所以“在己则不可恕”，承认错误并且努力改进之后，自己一定可以更进步。

上面讲自己或别人犯了错的处理，接下来讲自己或别人被他人伤害或侮辱时的处理。

“己之困辱宜忍”，别人不当的对待是别人没有宽容之心，别人没有智慧，此时我应该忍下来，接受下来，我不跟他计较，因为我的理想更高。韩信不就是忍了胯下之辱吗？这是中国历史上最有名的案例。为什么要“己之困辱宜忍”呢？因为那不是我的战场，那只是别人的场面，不要跳下去。韩信的战场跟淮阴那个小小的场面哪一个重要呢？当然，淮阴的那个胯下之辱根本不算事了，如果当时跟人家拔刀相向，说不定就被砍了，历史搞不好要改写，不叫汉朝叫楚朝。前面讲自己的受辱，另外一个情况是别人的受辱，此时的道理却变成“在人则不可忍”，为什么？因为这叫作公是公非，别人受到不应当的指责、不应当的责骂、不应当的对待，我们要主持公是公非，因为这是社会的正义。王阳明之所以有“龙场”之难，有致良知的开悟，就是因为他在朝廷上主持了公是公非，只不过那是一个腐烂的朝廷，所以他主持了公是公非以后，自己就付出了惨痛的代价。但是，刚好是那个惨痛的代价让王阳明重新淬炼他的人生，领悟了致良知之道、知行合一的理论。可知，“在人则不可忍”，是因为那是公是公非。一个社会要是没有了公是公非，社会必定陷入混乱与危难，因此人人都应主持公是公非，而且要站在对的那一方。但是，若是自己受到不白之冤的屈辱，这没有什么了不起，靠我自己的能力去做，总有一天可以澄清的，这就是说，对自己的受辱可以忍下来，但是不应该让别人忍耐受辱，因为我们要追求一个有公义的社会。

9. 责人与责己

责人者，原无过于有过之中，则情平；
责己者，求有过于无过之内，则德进。

人在社会上做事，有成功有失败，有圆满有缺点，种种结果，许多差异。为了做事情长长久久，就必须跟每一个人相处好，这就要对别人的行为宽容地对待。别人事情做得好，自然赞美，做得不好，要想想他是否情有可原，就可以多多谅解了。事实上，除心怀恶意或是不负责任之外，事情的成败有许多外在的客观的因素，不全然是个人的疏失，既然如此，对于失误有过者，多些同情的理解，这样在人际关系上就能处理得好。保持关系就是保持战力，保持战力就能够有续航力，为了长久的未来，还可以共事同修，心就平了，不再责人了。这就是“责人者，原无过于有过之中，则情平”。这一切都是为了事情能够做得更好。

对别人要容让，但是对自己，就要多要求了，就算这次事情做得很成功，人人赞美，还是有可以再进步的空间，因此，就要精益求精，找出还可以改善之处，这就是“责己者，求有过于无过之内，则德进”。不是要找自己的麻烦，而是要自己能够成长不已，进步不断。这样，既可以警惕堕气，更可以砥砺志气，这个人就一直处在成长的状态中了，这一切，也还是为了事情能够做得更好。

10. 退一步减三分

人情反覆，世路崎岖。
行不去，须知退一步之法；
行得去，务加让三分之功。

“人心不足蛇吞象”，当困难来时，一般人可以共患难；但是当成功了以后，大多数人却不能同安乐，如果不是有修养的人，贪心的毛病随时会跑出来。跟贪心的人在一起干活，随时要想的是避祸，因为他会变来变去，一会儿对你好，一会儿又忌妒你。这就是“人情反覆，世路崎岖”。有时候，世路的崎岖是因为人情的反复，但更多时候，世道本身就是艰难的，艰难到让人们都快要过不去了。

没关系，人间世就是如此，又不是极乐净土，环境会有恶劣的时候，同时，人心也会有不清净的时候。既然如此，该干的还是要干，该给的还是要给，该拿的不一定要拿，该得的不一定要得。能做到吗？

简单的方法，事情难办的时候不要硬干，换一条路，做别的事，也许其他条件上来了，这件事便好办了。这就是“行不去，须知退一步之法”。困难来时，横冲直撞是没有意义的，只会让事情更加纠缠而已。人要有耐力，心要有软力，转个弯，等一等，做些别的，学会放下，没关系，有理想的人还怕没事干吗？做别的有理想的事情就好了。

事情容易办时，顺风顺水，财源滚滚，荣誉加身，资源到位。但是，这时候也要想想，别拿太多，这是会损福报的，利益够了就好，可能的话尽量少得一些。有些人，其实是很多人，啥都没有，看你那么顺利，是会忌妒的，那你就易遭毁谤了。利益和资源留一些给别人，人家会感激，你已经有了够了就好了。要想着下一步要做什么，而不是在这里享尽乐处，这样，你又开始劳动了，身心都是活的。顺风顺水的日子就像躺在沙发里，身体都搞坏了，别坐了，站起来做事。沙发让病人坐，他身体会好起来，你等于做了一件好事。沙发让懒人坐，他睡着了就不会找你麻烦了，你等于做了一件聪明事。这就是“行得去，务加让三分之功”。

“行不去，须知退一步之法”的重点在于心理上对自己要开放，愿意尝试别的道路，最后事情还是可以成功。“行得去，务加让三分之功”的重点在于心理上对别人要宽厚，愿意协助他人，以后自己的事情也会有人帮的。

11. 功过恩怨

我有功于人不可念，而过则不可不念；
人有恩于我不可忘，而怨则不可不忘。

“我有功于人不可念”，为什么要有功于人？不是为了别人，而是在做自己，在做自己想做的这个人，不是在做别人眼里的那个人。有能力的人才能够帮助人，帮助别人不是助人，而是在让世界变得更好。世界不是别人的世界，而是自己的世界，所以我们做的每一件事情都是为自己做的，这一点要彻悟。彻悟了之后，就不会去记挂对别人的帮助了。被你帮助的人固然感谢你，但他也就在你之下了，人人都不愿屈居人下，你不邀功、不吱声，他感激你一辈子；你邀功、你吱声，他就怨你了。除非他是圣人，但圣人不需要你帮助，有困难的人才需要你帮助。帮助了，这世界就更好了一些。这世界会更好吗？看你。你心好，你的世界就更好了。所以说，“我有功于人不可念”。念了就是市恩，做买卖而已，何言功？何言恩？

“而过则不可不念”，做事做错了，或是对别人造成伤害，这都是过失。自己有过失就要认错，就要道歉。道歉并接受指责，甚至惩罚。被惩罚时不问比例原则，由别人指示就是，计较比例原则又是不认错了。认错改过是勇者，勇者就是希望把事情做好，因而勇于承担的人，事情做坏了就是错了，改过、道歉、再出发。一个不肯认错的人，就是不勇敢的人，结果因为死不认错，一件事情杵在那里没有进展，整个团体都被耽搁了。人要推动社会进步，不要因为死不认错、不肯改过而进步不了。一个死不认错的人是无法进步的。

“人有恩于我不可忘”，社会上的资源，一切都是别人的，别人不必一定要帮助我们，竟然也帮了，他必定是好人，我们要记在心中，不可忘，忘恩之人必薄情，薄情之人福必薄，恩人都不念了，还会有朋友吗？没有朋友之人，必是孤僻寂寞坏脾气之人。报恩不必谈比例，有心就好，施恩者本不求回报，报恩者随己能力就好，少报无妨，多报亦可。

“而怨则不可不忘”，人有怨于我就是得罪了我，得罪就得罪了，我又不是小不点，一被得罪就活不成了。小事一桩，我忙得很，他不懂事，得罪了我，我没感觉，我不反应，我在做大事，就随他去吧。若需要帮忙，可以，说清楚就帮你。我是为进步而来，不是为报仇而来。何须计较。你一计较，人家就更加防你，生怕你报复，于是先出手，再伤害你，这次伤害你就会伤得更重了，因为人家想让你永远无力报复。假如你不计较，对方也就不必防备，更不必进攻，事情过去了，对方也有平常心了，你俩都没事了。一个很重要的道理：坏事发生的时候，那件事情已经结束了。就是你不放下，不肯忘记，老是挂恨，想要找机会报复，所以事情才没完没了的。人要做事，人生要往前走，不要逗留在不重要的鸡毛蒜皮的事情上。别人一时的过失，发生时就已经结束，你就让它结束，不要再开启它，你做大事的时间就很充裕了，可以用来读书、做事、成长、服务。人生就一直在进步了。

12. 事事练达

谢事当谢于正盛之时，居身宜居于独后之地，
谨德须谨于至微之事，施恩务施于不报之人。

人做官，总有下台的时候，但人总是不愿意下台，人在职场上总有卸任主管以及退休离开职场的时候，但人们总是抓不住正确的时机。“谢事当谢于正盛之时”，就是要谈这个问题。当然，卸任主管和退休是不相同的，不过古今同论时，我们暂且就把它们当作一回事好了。现代人的退休时间，都是规定明确的，这就能够让人们自己做好人生的规划，时候到了，就进入人生另外一个阶段。只管享受不必做事也有钱领的人生，而此时子女的教育亦多已完成，不需再有过多的操心，这样的日子，可以说想怎么过就怎么过，真是快活。当然，后面又有一个更重大的课题，就是面对死亡，这就需要有更细微深刻正确的世界观、生命观甚至宗教观不可了。总之，由于退休年龄的明确，人们不必为此奋斗争取，可以说现代人是文明多了。但是，古人就不然，尤其是官场上，告老还乡古语有之，但人们何时才服老呢？问题就出在做官是为了什么而做的。一般人有官做，就是鲤鱼跃龙门了，岂肯罢手？然而，一直待在官场的结果，就是掌握资源太多，最后仇怨太多，然后心力负荷太重，总之就是消耗生命以致枯竭而已。如果做官是为了做事，为了服务，那么做小官做大官不做官都有可以服务的角色，都有可以尽责的事业，那么“谢事”要思考的问题就是职场上的人际关系而已了。官位不管大小，主从之间权力差异甚大，身在主官之位上，掌握一切资源，甚至生杀予夺大权，不管做得好不好，都会得罪别人，只是得罪的是好人还是坏人的分别而已，所以必须早早做好下台的准备。如果是势头正猛，好事完成，口碑甚佳，没有得罪坏人，并且帮了很多好人，此时找个借口，退居第二线，把正位让给别人，别人感激，自己也做好铺垫，安全下台，给自己留个后路好走，这就是智慧之道。智慧之道的关键在于，做官尽做好事，坏人少得罪，资源不要过度享用，没有人必欲置你于死地，在可安排时好好安排自己的退路。退下来之后，还有充裕的空间可以做自己喜欢做的事情，人生岂不还有无限风光？只要不再想着权力资源利益就好。这就是“谢事当谢于正盛之时”。

既然谢于正盛了，能谢得下，能谢得好，能谢得没有人欲除之而后快，能谢得没有后顾之忧，关键是过去在正位的时候没有抢夺不当的资源，没有严重地得罪小人。小人跟犯人不同，犯人已犯正法，必须惩戒，非得罪不可。小人是假公济私的嗜欲之徒，一心就是只要利益，你利益拿得多，就是冲撞了他，就是得罪了他，这就让你不能轻易下台，所以平常就要看淡利益，这就是“居身宜居于独后之地”，利益独后于人，就不得罪小人，就能到时候安全下台，再不惹事，安稳度过余生。一旦与人争抢利益，便陷入对立斗争之局中，你也不敢随便下台了，于是就把自己摆在官场的刀俎中了。

人要做好事，要做有用的事，但是每一件事情都有它自身的逻辑，尤其是帮助别人的事情，要知道事情的细微关键之处，否则口说助人，却不能真正帮助到别人，那就是思虑不周，用心不够，因此，“谨德须谨于至微之事”让事情真正到位，替别人设身处地地着想，让你的帮助能够落实，哪怕是一点资源，一句温暖的话，一个鼓励的动作，一个善意的眼神，一个郑重的叮咛，都是事情圆满完美的关键。

最后，帮助别人是没有目的的，没有自己私人利益的目的，它就是自己知道该做的事情就去做了而已。若是助人而有所图谋，那只是做生意，是钓鱼，不是助人，所以说“施恩务施于不报之人”，不是人家不懂得感恩所以不报答，而是人家没有能力报答，或根本不知道是你帮助他的。这样，你的帮助真正到位，你的能力真正发挥出去了，你的福报才真正建立了。福报，就是你总乐于助人，所以到最后讲话有人听，做事有人帮，心情愉快，能做大事，能实现心中的理念，岂不大乐！

13. 不染不用

势利纷华，不近者为洁，近之而不染者为尤洁；
智巧机奸，不知者为高，知之而不用者为尤高。

人生在世，总要进入社会的大染缸里讨生活，能保持赤子之心者，实为不易。赤子之心难保而能保，关键在于心善，在于羞恶，别人好意思这么做，我们自己不好意思这么做，所以远远地避开了。别人好意思做什么呢？攀附权势、锦上添花、虚张声势、欺负弱小、炫耀财富，这些都是斗筲之人所为，能避则避，绝不为伍。然而，要在社会上做事，许多环节中早就占满了这类作风的人，你不打交道也不行，打交道时难免不被这些气氛浸染，你也不能道破，更不能指责。如何出污泥而不染，如何清新脱俗而不得罪人，这就需要智慧，所以说“势利纷华，不近者为洁，近之而不染者为尤洁”。如何能做到不染呢？关键就是心正、意诚，不走偏锋，不走歪路，不打诳语，不去害人。虽不为恶，却也不与恶人恶事为敌，只是避开，尽做好事。如何能够只做好事不做坏事又不与坏人冲撞呢？关键就是做好事不张扬，要是一心都想着自己的好与别人的坏，那么，你不与坏人为伍的行径就是在搞对立，最后坏人找你麻烦，逼不得已你也得用坏人对付好人的方式去对付坏人了，这样一来，你自己离坏人也没差多远了。

在重大利益纠葛之前，鲜少有人不用“机奸”的，“机奸”就是设局谋人，尽耍小聪明，害人于一时，谋取自己的不当利益，自己的人性都扭曲了。一事扭曲，事事扭曲，以后也走不了回头路了。这种小聪明，最好不懂，不懂而老实做事，至少没有想害你的人，得多少算多少，安安心心。但是，如果是为了公家的事情做得好，或是为了帮助弱者维护权益，那么你还是必须知道坏人的机奸是怎么搞的，因为你必须防范或是化解，但这是为了抵挡机奸，而不是自己去做机奸谋人夺抢的事情，所以说“智巧机奸，不知者为高，知之而不用者为尤高”。如何能知而不用呢？那就是要回到做事情的初心了，既然不为抢夺，而是服务，就无须使用机奸手段，走大路，成与不成都心安理得。

14. 藏身之窟

藏巧于拙，用晦而明，寓清于浊，以屈为伸，

真涉世之一壶，藏身之三窟[①]。

人在世间，要为社会服务，要展现自己的才华，要实现自己的理想。但是，也要注意保护自己。为什么要保护自己？因为当你在服务的时候你会得到荣誉，而你得到的荣誉会引人忌妒，那些忌妒你的人则会伤害你，所以要懂得保护自己。当你在展现自己的才华的时候，别人会被你比下去，也会认为你抢走了他的东西，那他就会伤害你，所以你又要保护自己。当你在实现理想的时候，会冲撞到过去的既得利益者，他们会认为你侵犯了他们的权益，也就会反过来伤害你，你就又要保护自己了。人在世间活动，做不好会被社会淘汰，做得好会被世间伤害，因此，你就是既要做得好，又要避免被伤害，这就是社会生存的现实，也是《菜根谭》智慧的高妙之处。

如何避免被伤害呢？“藏巧于拙，用晦而明，寓清于浊，以屈为伸”讲的就是避免被伤害。避免伤害的要点，就是事情要做好，社会要服务，理想要实现，才华要发挥，但是不要让别人感受到压力，不要让别人心生忌妒，要让别人占上风，不要反驳别人的观点、立场、价值观、意识形态，永远不引起周遭的注意，永远低姿态，永远让别人站在前面，这样，灾难就会过去了。

---

① 一壶：壶指匏，体轻能浮于水。《鹖冠子·学问篇》中有“中流失船，一壶千金”，此处的一壶指平时不值钱的东西，到紧要时候就成为救命的法宝。

三窟：通常都说成狡兔三窟，比喻安身救命之处很多。《战国策·齐策》说：“狡兔有三窟，仅得免其死耳。今君有一窟，未得高枕而卧也，请为君复凿二窟。”

意思是做人宁可装得笨拙一点，不可显得太聪明，宁可收敛一点不可锋芒太露，这才是明智之举。宁可随和一点也不可太自命清高，宁可退缩一点，不可太积极前进，这才是立身处世最有用的救命法宝，才是明哲保身最有用的“狡兔三窟”。

“藏巧于拙”，你操作技巧超级棒，自己一个人的时候不妨施展神功，别人在场的时候就稍显笨拙，事情一样做好，但不必让别人发现自己很厉害，免得产生忌妒之心。“用晦而明”，在场合上你心知肚明于别人的心思行为，但许多是不可告人、不能见光的，既然如此，为了维持人际关系的和谐，就不说了。不说就是“用晦”，知道就是“而明”，自己明明白白，但不用说出来，保持一个场面上的和谐，关注于眼前要做的事情就好，不去揭露他人的不堪，自然就不会惹上麻烦了。“寓清于浊”，周围多有小人，彼此混淆视听，导致是非不分，以便从中取利，若是有人揭露，就是翻天覆地的动荡了，为了维护他们的利益，别人将会无所不用其极。身处此境，要想好重点，此刻的要务是什么？别人的污浊是别人的事，社会的建设是我们的要务，不刻意去揭污，甚至别人以为我们与他们是一样的一丘之貉，这也没关系，我们的形象不是此刻的重点，别人的是非一样不是此刻的重点，表面看似污浊也无妨，此刻正是做对的事情的关键时机，不要把力气用在别处，做对的事情就是清，在环境的污浊中又能做自己的对的事情就是“寓清于浊”。“以屈为伸”，做事要成功，处处需要别人高抬贵手，如果任何时刻都不能谦恭下人，总是要抬高自己，结果就是招人不满。此时，不如收敛自己，让别人愉快，然后让我们的事情顺利，事情顺利就是伸，态度谦下就是屈，谦下而后完成任务，就是以屈为伸。

能做到这样，事情能办成，自己不受害，这就是“真涉世之一壶，藏身之三窟”，就是在世间做事，能处好众人，不遭人伤害，又能做好事情，没有后患的法宝了。

15. 处事方圆

处世不必与俗同，亦不宜与俗异；
做事不必令人喜，亦不可令人憎。

人在社会做事，要有儒家的承担精神，也要有道家的洒脱态度，承担该承担的任务，脱离世俗的束缚。责任是认为自己该做的事情，不需要别人要求也会做。束缚通常是别人未能尽责之后转变出来的对众人的要求，借由要求众人，好像自己尽了责任，其实只是心理上的投射，虚伪欺骗的做法，有智慧的人，不必受制于此。所以说“处世不必与俗同，亦不宜与俗异”。“不必与俗同”的意思就是人家攀龙附凤、附庸风雅、溜须拍马、锦上添花，种种诸事，只是虚伪而已，我们保持自己的尊严，节约自己的时间精力，不必搅和参与。表面上似乎失去了一些什么，其实并没有失去什么，因为你就算做了这些事情，也得不到什么，因为你要做的事情是进德修业的事情，是自己学习成长以至为社会服务的事情，上面这些世俗的行为，无一是能进德修业、增长智慧、建设社会的，所以不必参与。“不宜与俗异”的意思是说有一些基于礼仪、人情而来的风俗习惯，人皆为之，我亦为之，不必刻意高己低人，例如参与婚丧之礼，出席重要典礼，保持年节的风俗等，这些事情，不做者不为高，做者不为低，纯粹是人在世间的互相关怀陪伴参与之情怀而已，应该好好参加。

人在社会做事，必须要有拨乱反正的承担，但不可以有找人麻烦的作风。拨乱反正之时，难免得罪别人，问题是，别人的所作所为已经危害社会整体利益，伤害社会弱势族群，那就不是我们自己避免灾祸、明哲保身的问题了，而是防范社会堕落甚至崩溃的关键时刻了，因此“做事不必令人喜”，该阻拦的就要阻拦，该制止的就要制止，不可以因为想要讨好别人，就任由他去。但是，一件坏事被阻拦下来，这样就可以了，不必再去针对当事人做人身攻击，找他的麻烦，否则就变成个人之间的仇恨，而不仅仅是维护公众利益的范围之内的事情，所以说“亦不可令人憎”，就是对事不对人，做事不找人麻烦，让人家感觉只是针对个人，这样又是结仇，私人恩怨没完没了。

16. 忍己恕人

己之情欲不可纵，当用逆之之法以制之，其道只在一“忍”字；

人之情欲不可拂，当用顺之之法以调之，其道只在一“恕”字。

今人皆“恕”以适己而“忍”以制人，毋乃不可乎！

人都有欲望，问题在是否损人利己，是否过度放纵。面对自己的欲望，知其有害于己，就要自我克制，这当然是不乐意的，所以是逆法。因为必须忍下来，所以叫作克逆。这就是“己之情欲不可纵，当用逆之之法以制之，其道只在一‘忍’字”。但是对于别人的过度的欲望，涉及人情，只能相劝，若是强力遏止，只会产生冲突，因为欲望就是强烈想要的，这时候就必须顺势引导，以平和的做法处理，否则只能互相对立了，这就是“人之情欲不可拂，当用顺之之法以调之，其道只在一‘恕’字”。

无奈，人多放纵自己，却严以律人，这在人事的处理上就是不智了。该管好自己结果没管好，该平和待人结果管得太严，这就是做事做反了，聪明到哪里去了？这就是“今人皆‘恕’以适己而‘忍’以制人，毋乃不可乎”！

老子说：“胜人者有力，自胜者强。”人不必胜人，彼此好好相处就好。人必须胜己，因为这样才会进步。胜己就是自制情欲，胜人就是逆制他人。

17. 五分即止

爽口之味，皆烂肠腐骨之药，五分便无殃；
快心之事，悉败身散德之媒，五分便无悔。

人是五行之气所成。佛家就讲有情众生是五蕴的积聚所成，五行之气所成的身体有维生的需求，至于五蕴积聚，讲的就是因为有欲望的执着，所以才有生命的样态以及生命的延续。因此，有了生命就有欲望，首先就是维生的需求，这是必须满足的，否则就没命了，没了经历现实世界的这条命。但佛教就是讲人要解消一切的生理需求，以便剪断在六道轮回的生命，而获得永恒的生命。不过，人还活着的时候，还是需要饮食的。吕克·贝松的电影《超体》，说明人在大脑理性高度发达之后，便与宇宙化而为一，而将逐步丧失生命感官的需求。这是宗教与科学对生命存在的知识说明。但是，人已经是人了，就是一个有感官知觉且须满足欲望的生命体，因此，人的眼耳鼻舌身种种感官都要去作用并且满足它。然而，需求固是必然，过度却有伤害。“爽口之味”，乃为满足饮食之需，有美味固然更好，没有美味也无妨，但既有美味，就不妨享用，问题就是易于过度，过度一定伤身，“五分便无殃”，就是适度即可，也就是人皆喜求美味，适度满足了就可以停止了，多食必伤身，不是说吃了就会伤身，而是多食伤身，因为消化不了就伤身了。然而，人多欲求不止，那就是要自受其苦。故而五分吧。尝到了就好，不要贪饮不止。

“快心之事”，未必与营生有关，只是情绪的昂扬，但人在快意的时候，多半疏于防人，更是易于伤人，它总是得名得利之事，总是要大小高下一番，故而易于传递更大的名利欲求，过度了，就“败身散德”，又要伤人害己，所以不是不可以追求，而是不要企求不止，“五分便无悔”，就是可以求名利，得到了，停一停，换别人去得，自己多做些别的好事，积一积福，不为得利，若不是如此，一味追求自己的名利，就可能会为达目的不择手段，没有福国利民的事功，却贪好权势，这岂不败身散德。

“爽口之味”“快心之事”都只是媒介，并非就是恶事，人皆喜之，却因媒介为恶，因此要节制，得到了就好，享用过了就结束，这样就不会伤身伤心伤人伤己了。

18. 不好胜者才能任重道远

鹰立如睡，虎行似病，正是它攫鸟噬人法术。
故君子要聪明不露，才华不逞，才有任重道远的力量。

人在社会摸爬滚打，做什么事情都有自己的利害考虑，为保障自己的最佳利益，有些信息以不与人分享为原则。甚至为了不使人超前于自己，对自己已经得到的资源与拥有的能力还会刻意遮掩，目的在不引人注意，以免惹人生争夺之心。更有甚者，在战争攻伐之际，还会故意泄露错误的信息给别人，让对方误判情势，以致落入自己设下的陷阱。可以说，有心的人和有心眼的人，都有隐匿自己的种种道理。偏偏人生在世，又有好胜争强的心态，生怕人家不知道自己的能力，没事故意显山露水，吓唬一些不如自己的人。殊不知，比你厉害而能提拔你的人看了你的肤浅炫耀，只能弃你而去，而你还不知道自己失去了什么。

“鹰立如睡，虎行似病，正是它攫鸟噬人法术”。老鹰在高山树梢上休憩站立，收敛双翅，闭上眼睑，让看得到它的小动物们以为它在睡觉，如果有猎物疏忽了，老鹰的速度你是知道的。老虎在走路的时候，样子实在难看极了，双肩下垂，肚皮晃荡，就像生病的老人走不动了一样，这也会让周围的小动物松懈心防，以为它虽然凶猛，但速度不过尔尔，如果稍一松懈，没注意这边，老虎奔跑起来，在短时间内的爆发力你是知道的。老鹰攫鸟，老虎噬人，都是先让小鸟和人丧失了对猎鹰、猛虎的警觉心。但是再看这件事情的另一面，老鹰和老虎的作风，却是让它们的目的能够得逞的原因，这就是不让自己太显眼，以免别人有所防备的道理。

所以说“故君子要聪明不露，才华不逞，才有任重道远的力量”。君子任重道远，要谋划大事，要布局，要安排种种细节，要网罗人才，等待一切条件俱足了，才能一击而中。这世界战场很多，但是只有一个战场是自己的，一个有自己的战场的人，所有时间都在布置战局，因此，不是他的舞台他不会上去，不是他的战场他不会出头，若是时时显露聪明、驰骋才华，大约就是自己没有中心思想了，别人显露的地方自己也想显露，别人逞强斗胜的战场自己也想逞强斗胜，结果到处都是战场，天天都在扬名立万，每天都忙着出名，时时刻刻都要出风头，其实就是没有自己的战场了，永远在别人的战场上跑龙套，就像只拍广告不拍电影的广告明星一样，能见度高，但没有分量。

这种做法还有一个风险，除非你真的是没有自己的理想，我想差不多是没有。如果有，那么像你这样天天出风头的人，你的竞争者对于你真正要做的事情，还不早早产生戒心、防堵戒备、处处掣肘、让你出头不得吗？那你怎么办？怪人家妨碍你吗？是的，你可以怪，但是你是否智慧不够，或你是否根本准备不到位，还不足以承担这件大事，所以你才在小事情上就争强斗胜起来了呢？你才在还没有足够的基础之前就已经沉不住气了呢？这样的气度，做的事业能有多大呢？

厉害的人，人生只有一个战场；不厉害的人，去吃个早餐都能跟邻桌吵起来；稍好一点，到了办公室跟同事吵起来了；再强一点的，周末约同事聚会时又在讥笑别人了；更强一些的人，在单位的正式会议上也发难了。这些行为，都是在最重大目标之前，自己设下了障碍的行为，当你的精力都用在这些不相干的争强斗胜时，你的极精微的武功是练不成的，你的滴水不漏的机关是布不成局的。能力不是用来让不相干的人羡慕你的，能力是用来为有关系的人服务的。只有无能的人，才会被不相识的众人以为很厉害，真正厉害的人，只会被比他厉害的人注意到，因为在智慧比我们高的人面前，我们永远是透明的，但如果在不如我们的人面前露聪明、逞才华，那意思就是说我们永远只想比不如我们厉害的人厉害而已了。

老子说："胜人者有力，自胜者强。"一个只胜人不胜己的人，可以说这辈子都没有进步了。因为你胜人的能力可能是天生早就具备了，你胜过自己的能力才是今生努力造就出来的，不想胜过别人，才能胜过自己，只想胜过别人，就不用提升功力了。跟自己比，让比自己厉害的人看到自己，这才是你的战场、你的舞台。跟别人比，让不如你的人羡慕、忌妒你，你只是在别人的商店街拍广告而已，你不是品牌的本身，你只是粘上去的苍蝇而已。

有能力的人，为一切需要被帮助的人服务，而不是把所有需要被帮助的人比下去。再看一次这句话："故君子要聪明不露，才华不逞，才有任重道远的力量。"

19. 智明与智勇

好察非明，能察能不察之谓明；
必胜非勇，能胜能不胜之谓勇。

在社会上做事，总有复杂的人、事、物，那就必须察明，不明不足以成事，这是究察事情的真相而有的聪明。但是，人生的角色扮演，却是待人为上。待人处世讲究情境的处理，有时该要求，有时该支持，有时该宽容，有时该严厉，一切以关心别人和建设社会为原则，为了建设社会，必须要求众人，但为了关心别人，却需要讲究情理。事情需要人办，但谁来办事是要讲究的，人可以办事，但办到什么程度是要讲究的。一个大环境中许多事情在进展着，一切重在平衡，在进展中取得平衡，进展是一定要的，但是人的配合也是重要的，究察的精明要放在事情的细节，但处世的智慧更要放在人情的考虑，对事要查清究明，对人就要视情况而处理，事情要成功，人也要处理好，人不处理好，事情不圆满，或者留下后患。

处世的精明是聪明，处人的精明是智慧，聪明靠颖悟，智慧靠胸襟，替人承担，宽厚待人，“能察能不察”才是智慧的圆成。这就是“好察非明，能察能不察之谓明”。“能察”是对人、事、物的细节都心中雪亮，“能不察”是对人对事的大方向清楚了之后，有些细节便刻意忽略过去，目的就是留一分宽容让别人有出路。人非圣贤，总有缺点，只要他的缺点不影响事情的大局，就不需要在他做事的方法上过度要求，给他一个自由的空间，事情圆满了，人际关系也圆满了。

至于“必胜非勇，能胜能不胜之谓勇”，老子说“胜人者有力，自胜者强”。能力已经胜人者，眼前一场征战没有必要一定为之，世间事只要去做就好了，事情的完成不必一定是属于自己的，功成不必在我，助人成功就是事情的成功，格局大者想的是事情的成功，格局小者想的是自己的成功，想着自己的成功就要胜过别人，想着事情的成功就无所谓个人的胜负，只有事情本身的胜负，不必争功，只有事情的成功。众人之事都是团队的事，大家一起干活，没有人与人之间的争胜。争，争的都是私利，公事没人在争的，为了公事，私人的胜负放一边，能胜而不胜，让别人去胜，这样公事可成，这才是真勇。勇于承担，舍得私利。

20. 勿为难别人，亦勿自己过于兴奋

路径窄处，留一步与人行；
滋味浓的，减三分让人嗜。
此是涉世一极乐法。

职场上如何与人互动、创造资源而不惹祸上身呢？在职场上与人合作，“路径窄处，留一步与人行”，别人不容易办成的事，

路径就窄了。比如，我晚一点下班，等你把事情办完。我去帮你联系那件事，不必又让你花三个礼拜，我可能用一通电话就解决了。“留一步与人行”，就是让别人好办事。这个社会每一个承办人都视民众为他的客户，让民众好办事，这怎么不会是天堂的社会呢？然而，为什么有时候我们生活的社会却还像是地狱呢？因为每个承办人都让别人很难过，这样社会就痛苦了。所以，“路径窄处，留一步与人行”，让别人方便，一切事情运作顺畅，我方便你，你方便我，大家都轻松办成各种事情，社会日日进步，各种事情不断前进，这不就是天堂的社会吗！做公家的事情，想要做事轻松，就是不要找别人的麻烦。不找别人的麻烦，别人事情好办，自己的事情也就好办了。

“滋味浓”是得意的时刻，心理情绪都是高涨的，但是，特别是在这种时候，要注意别人的感受，你的成功反映了别人并不成功，所以要低调一些，更有智慧的人，还会创造机会让别人也能成功，这样大家的关系就平衡了。也就是说，可以获得利益的事情，不要每一次都是自己去做，“减三分让人嗜”，让别人也有机会尝受到“滋味浓”。例如，每年都有岁末晚宴，一位新进人员来了，口才好，仪态好，大家请她做司仪，做得很好，大家非常感谢！到了第二年，又要找一位司仪，也有一些新进人员，可能刚好没有仪态很好的，于是就要她继续做，她觉得很好，也就继续做了，后来她就觉得晚会的司仪一定非她莫属。一做做了十年，后面八年，新进人员都没有机会去做司仪。而观众呢？可能有人已经腻了，新人呢？可能有人很想得到这个角色，于是她就无形之中得罪了别人了。“滋味浓的，减三分让人嗜”，有利的事情不要一个人做到底。更简单的例子，一群朋友去唱卡拉 OK，大家说要一起唱歌，结果一个人点了十首歌，等他唱完第十首歌之后，所有的朋友要不在外面聊天，要不去洗手间，要不就已经回家了。你唱两首歌就要换别人唱，你要唱歌让别人为你捧场，但你也要做听歌的人，也要给别人捧场，你才会有朋友，否则你就只剩敌人了。

这两句话“路径窄处，留一步与人行；滋味浓的，减三分让人嗜”，就是“涉世一极乐法”。让别人快意，人家当你是朋友；自己快意，人家就疏离你了。一旦人家当你是朋友，日常生活就是助缘不断，就是涉世极乐法。

一个进步的社会，就是所有的一线业务承办人都乐于服务，让客户容易找到自己，积极主动回答问题，把任务办好，自己心情也愉快。若是刻意推卸，上班时间常常不在座位上，有人来找你办事，你却老是在跟同事聊天讲话，这种人就是心中没有公家的事，对自己的业务没有责任感。如果整个社会的业务承办人都是如此的话，这个社会是很难进步的，被冷落怠慢的民众，心中是有怒气的，他们也是要往别处去发泄的，一个承办人的不尽职，结果导致社会一连串的恶性循环。所以，人人都要懂得一个道理：“路径窄处，留一步与人行；滋味浓的，减三分让人嗜”。

21. 利人即是利己

处世让一步为高，退步即进步的张本；

待人宽一分是福，利人实利己的根基。

为人处世待人接物要注意什么，才能有人际关系的进步和社会资源的累积呢？真是大哉问，答案就是让利。

为什么“退步即进步的张本”呢？大家共同做事情的时候，利益让一步，态度退一步，但事情要多做，这样自己的能力便一直在进步，而影响力也一直在提升，能够为社会创造的资源也越来越多，这就是进步。如果你是第二爻，你已经够吃一辈子的钱，如果你是第四爻，你已经有够吃两三辈子的钱，你不需要增加更多的利益了，只需要做好更多的事情。退步指的是把利益让给别人，事业版图会越来越大，那就是“进步的张本”。利益让给别人，下次别人还跟你干，下下次更多人跟你干，下下下次更更多人跟你干。你的事业就越来越大，所以说这是“进步的张本”，你要的是事业的宏大和进步，是使社会越来越好，当人们愿意让你来带领的时候，你的理想才能实现。

“待人宽一分是福，利人实利己的根基”，让别人得利，别人和你的关系就不一样了，别人会成为你真心的朋友，你朋友越来越多，无形当中一些危险的事情，朋友帮你解决，过程当中所需要的一些资源，朋友帮你累积起来了。总是利人，朋友就越来越多，这就是利己的根基。但你不是为了私利，你是为了公家的事务，最后因为你待人宽厚，利益都给别人，人人助你，结果自己的理想也就达成了。

22. 攻人与教人之道

攻人之恶毋太严，要思其堪受；
教人以善毋过高，当使其可从。

有理想的人严格要求自己，但对别人可以期许，却不能太严格。关键是，成长只能是自己的事情。若要期许别人成长，那也只能是站在他们自己可能的高度上成长，他人都无法代劳的。每一个人的可能性不同，超过了极限，成长就停止了，他人若要强行要求，人际关系就破坏了。这虽然是一个无奈的现实，但是理解了，好好处理，就是智慧。

“攻人之恶毋太严，要思其堪受”，说的是责备别人的恶行，人愿意接受责备，说明他有反省的心，但他能够改过多少，还得看他的品性，品性与习性是一起来的，超过品性可以承受的，习性就跑出来了，这人就不再接受责备了。朋友之间，可以攻恶，但要有分寸，否则对方恼羞成怒，所有的反省心都耗光了，只能暴戾相向，这样攻恶的作用变成了激怒，对方只能更恶了。朋友之间如此，上级对下级之间也是如此，就算不暴戾相向，也不再有反省心了。所以，攻人之恶是为对方好而攻恶的，不是为一己的发泄而攻恶的，更不是为了满足一己的好胜心而践踏他人尊严的。不是别人有恶就能肆无忌惮地攻恶的，不论彼此关系为何，都要抓住分际。分际就是对方的品性与习性的交叉界限。当然，不易拿捏，因此互不熟识的人，就更不应该随意攻恶了。

“教人以善毋过高，当使其可从”。教人以善亦然，不是为了显示自己崇高，而是为了他人成长，那就要一步一步来，要容忍别人成长得缓慢。善的根本是利他的行为，通常要舍己才能利他。人要舍己，必须要有胸怀，有理想，更要有能力，有信心，缺此，人未必能舍己利他。教人以善者，若是对别人要求过高，只能让别人生出习性与之对抗，则连原本萌芽的善念也殆亡了。教人以善，就要在对方目前的品性基础上，稍微提高一层，以鼓励劝勉为之，而不是自己唱高调，显己能，这就不是为了对方成长着想，而是为了自己成就些什么的私心了。

人都有犯错的时候，周边的人则有规劝的时候，但是对犯错者的规劝，要视其堪受。这是因为，人有成长的格局，格局有限，自己知错了则好规劝，若是自己不知错、不认错，则别人的规劝常是无效的。此时规劝越严，冲突越大，犯错者的反噬心情越强，常常反过来伤害到规劝者，所以说“攻人之恶毋太严，要思其堪受”。也不只是规劝者应该注意不被反噬而已，而是一旦犯错者反噬，犯错者对于自己的错误行为将会变本加厉而更为严重，这样，规劝的效果不仅没有达到，还造成反效果，就把犯错者推向更严重的错误境地了。所以规劝时必须看清楚对方的情况。

两种情况下有不同的规劝者角色，一种情况是执法人员、教育人员，规劝是其职责所在，固然必须进行，但为了效果的彰显，有时不必过激，因为会有反效果，稳定住犯错者的情绪，禁止再犯，是此时的处理重点。另一种情况，规劝者是家人、朋友或关心犯错者的个人，本身出于关爱之情，此时的规劝更需有技巧。

对方能受的或可规劝，不能受的，规劝必然伤害两人的感情与关系，此时以隐喻暗示、婉言相告才是上法，而且必须是私下的场合，在取得对方信任的前提下，讲出对他成长有用的话，导正他的错误行为，收效才是宏大的。

人都必须成长，也永远有可以成长的空间，成长来自自己的志向，这是最佳方案，但也有在别人提供指导下的成长，不论是教师或领导，不论是家人或朋友，指导别人成长时，要以对方的情况为前提，在对方可以承受的高度上引导，也就是“教人以善毋过高，当使其可从”。如果目标太高远，对方于当下是无处可学的，因此也就没有成长的路径了，这样讲了也是白讲，甚至会让受教者产生被鄙视的愤怒情绪，反而拒绝学习，所以教育者常常必须首先向受教者学习，学习了解对方的状态、程度、能力，在对受教者掌握准确的前提下，提供向上一层的指引。受教者当然需要努力，但这个目标是他自己可以预期的，这样的教导才是真心为受教者设想的教导。很多时候，施教者只是一味地想要展示自己在知识能力上的高度，不顾他人的感受，等于是一种傲慢无礼的行为，他的教导其实是一种示威，这就只能造成伤害，而不会有受教者学习成长的事迹可言了。

这一条告诉我们，做什么事情都要从对方的处境上设想，不从对方处境设想的行为，既是无知，也是无礼，更是无效的。人世间充满了误解与冲突，起初并非就是恶意，但就是这些粗暴的对待造成了伤害，从而导致关系崩解。

23. 待人真正的难处

待小人不难于严，而难于不恶；
待君子不难于恭，而难于有礼。

小人多欲且做事损人利己，小人既然时常为恶，因此在对待小人时，不许其为恶是要点，故而需严，严防其为恶。但这也只是用在防其为恶，而非否定其人，因为小人也是人，也有人格的尊严，有基本人权，他未为恶时，也需还他一个正常的尊严。然而，人一旦为恶，一旦被视为恶人、小人，周围的人便会鄙视他，在任何场合中给他难堪，这其实也是个人自己的恶念平日不敢发出，借由鄙视轻贱小人而发出。这样的话，小人就更无改正之时了，反正人不信我，也不必迁善了。做人，要做对社会有用之人，要乐于与人为善，要勇于止人之恶，但人家未为恶时，要以善人待之，不可轻贱，轻贱小人恶人者，只是自己心中恶念的流露而已了。这就是“待小人，不难于严，而难于不恶”。人心狭隘了，就会逮住机会轻贱他人，何况是小人，然而，就在厌恶小人轻贱小人之时，自己的狭隘之心流露了。不恶小人，正显示我们自己心态正常。

通常，君子名声好，地位高，人人对之恭敬有礼，但是，人们对君子的恭敬，又常常是抱持着目的心而来的，恭敬的态度是没少，但是得体的礼貌却未必。关键就是，究竟是敬重其为人而有服侍之敬意，还是见其有利可图而引其为己办事？若是后者，相处时所求的是自己的利益，外在的态度是恭敬，内心的立意却是图利，一旦是为图利而来，则与君子相处互动时的话语对待就会失礼了，因为事事考虑的是自己的得失，而不是为协助君子完成其理想而全力相挺。君子就是有理想有能力的人，君子做事众人得利，个人尊敬君子，尽力协助，态度恭敬，所做之事依君子的意图而为之，这便是待之有礼。若做事只顾自己的利益，希望君子运用其资源助己成私，外表固然恭敬，内心并不有礼了。所以说“待君子，不难于恭，而难于有礼”。以君子的需求与其互动就会有礼，为自己的利益与其互动必然失礼。一般人对待高位者，以为自己恭敬了就是有礼了，其实只是以自己的利害考虑而对高位者有礼，这时所作所为考虑的是自己，这就一点也不有礼了。

24. 精明浑厚

> **“害人之心不可有，防人之心不可无”，此戒疏于虑者；**
> **宁受人之欺，毋逆人之诈，此警伤于察者。**
> **二语并存，精明浑厚矣。**

人心有善恶，与众人相处时，要注意自己与他人之间的互动状态，作为一个有修养的人，当然“害人之心不可有”，但同时也必须是“防人之心不可无”，这是一般的了解，目的是提醒人们不要完全不通世事。“此戒疏于虑者”，就是警告疏于考虑的人，提醒社会上还是会有一些坏人坏事的，不要什么事都不加考虑。但是，只要自己有警觉心，究察人心还是有一定的规则的，只要自己有足够的社会经验，对于别人的心态还是可以有一定的掌握的。就怕自己不努力，又懒惰又贪心，那就会被人家利用，因为自己有不当的欲望，所以看人就看不清楚，只想着可能得到的人家的好处，就易于忽略人心的险恶。所以，自己靠自己，愿意努力勤奋地工作，在社会上与人相处，没有过多的欲望，其实也就不易受骗受害了，受骗受害者多是自己不自立、不自信所导致的。一旦自信自立，也就不会被无缘无故地伤害了。因此，易于正常地与他人相处。

有些人，却是防人之心太甚，这很可能是自己常常对人狡诈，自己狡诈，也就以为别人也会狡诈，但其实别人只是正常地与他相处，却会因为他的狡诈防人，而失去了真诚的友谊，所以说“宁受人之欺，毋逆人之诈，此警伤于察者”。察查者，自己防人之心过重，生活在机诈诡谲之中，这是自己的心态不好所致。所以，一方面要有警觉心以防备别人，另一方面却不要事事以为别人有诈，这就是“二语并存，精明浑厚矣”。

以上两种态度，作为一个正常的人，做事认真，待人真诚，其实就不会犯错了。因为做事认真，世事就看得明白，不易为人所欺。态度真诚，就不必事先以为别人有诈，因为自己有实力，即便稍受诈骗，知道就好，下次不受骗了，也就不会自责太深了。

25. 功过需明，恩仇需泯

功过不宜少混，混则人怀惰隳之心；
恩仇不可太明，明则人起携贰之志。

做领导工作的人，对属下的管理，必须讲究公事公办，赏罚分明，“功过不容少混，混则人怀惰隳之心”，有功必奖赏，则人多奋进，有过必处罚，则人多警惕。有功不赏，人以为不必如此卖力；有过不罚，则人以为也可以不必把事情做好了。这就是没有掌握到公事公办的原则，这个原则就是管理上要严明，管理严明，大家守纪律，努力干活，团队强大，才有生产力。

以上说的是公事的对待问题，但是，在职场上，还有私人事务的对待问题。若是私事，处理上却不要太分明。因为，私人之间的恩仇不能影响到公事，“恩仇不可太明，明则人起携贰之志”就是不要以私害公。做公家事，以公事的互动为人际对待的第一原则，私人的关系不能影响公事，私人之间有恩怨，不能以公事报之。若假公济私，或公报私恩，则他人以为自己的专业能力不重要了，再怎么努力工作，不如私人之间的交往，于是就有私下取悦讨好之事，这样有能力的人认为自己就算表现得再好也不会受奖励，则有能力的人就逃跑了。或者是对私人仇怨看得太重，报得太烈，公报私仇，则别人会担心稍微引你不快，你也会如此报复，则别人也想逃跑了。“携贰之志”就是想离开的意思，有二心了，不肯好好待在这里了。关键就是，领导者自己公私不分，以私人的关系处理公事，这就不是个好领导。而公事的管理，赏罚不严明，也不是好领导。

这一条也就是说，私人恩怨不要太分明，太分明而影响到公事的处理就不对了，有能力的人就想离开了；但是，公事的功过却必须严明，如果不严明，人人就都敷衍推卸了。在职场上，处理公事和处理私事毕竟道理不同。

26. 持身与用人

持身不可太皎洁，一切污辱垢秽，要茹纳的；
与人不可太分明，一切善恶贤愚，要包容的。

“持身”讲的是自我形象的维护，这要分两个方面来说。首先，自我的要求必须严明，但是别人对自己的评价、口碑、背后的人言等，就不必太在意了，要随人去说，就算说了一些不符合事实的话，也不用去澄清，所以说“持身不可太皎洁”，关键就是，人家喜欢就好，人家伤你了、高兴了也就放过你了。小人不务正业，却要无功受禄，又见不得人好，故而要让你受些污辱，你只要不去澄清，小人就得逞了，他就快乐了，而你也就没有别的麻烦事了。但是，真正厉害的人不会看不清楚事实，而喜欢说人闲话的人，又都是绣花枕头，让他们在言语上占点上风，事情就过去了，所以“一切污辱垢秽，要茹纳的”。就是收下来就好了，重点是重要的事情你都干得漂漂亮亮的，你的地位就是稳固的。至于他的毁谤言辞，你要是与他较真，纠缠起来，自己又要花力气应付，服务与学习的精力又消耗了，麻烦的事情就又没完没了。

“与人”指的是对待别人的态度，我们要做事，做事要用人，用人要用优点。世无完人，就连我们自己也不是完人，所以说“与人不可太分明”，只要别人有优点可以发挥，这个人就是在正道上前进，就要多给他机会，所以“一切善恶贤愚，要包容的”，好事做多了，坏人也会变好人，而这正是你给他的机会。如果你的心思是放在事情上，而不是放在说别人闲话上，不是放在显示自己的正义、道德上，那你就能容人，否则你只能践踏别人了。践踏了君子也就罢了，践踏了小人之后呢？人生永远有仇敌了，时时处于厮杀的战场上，不能轻松、不能安静，也就不能身体健康、福寿绵绵了。

人生是来追求理想的，理想是要让世界变得更好的，而不是让自己道德形象崇高的，看破这一点，事情就很容易做了。这就是从儒家到道家的转化，是个人修养的深化。

27. 人情世故的要害之地

遇故旧之交，意气要愈新；
处隐微之地，心迹宜愈显；

待衰朽之辈，恩礼当愈隆。

人成功以后，自己待人接物的态度要更注意，重点很多，这里提出三个常常发生的状况，关键都是关注别人的感受。

“遇故旧之交，意气要愈新”，故旧看我们成功了，很替我们高兴，与有荣焉，好像是他自己成功了一样，乐于和别人分享我们成功的果实，这种情感来自过去长久的情谊，表示人家心中时刻念着我们的杰出表现，把我们当他自己的亲故。当然，此刻我们与故旧并没有工作在一起、生活在一起，时间空间上都有了一些隔阂，故旧对我们的高抬的情谊是需要增加一点油水补充补充了，然而，一旦有机会接触，故旧却不一定会主动笑脸积极迎来，他如果是一位真正有自尊的人，他对我们的欣赏赞美固然是发自内心地自然流露，但是在众人簇拥、镁光聚焦下的我们，如果不是我们主动迎去，他是会在外围伫立静候的。这时候，懂事的我们要主动热情地迎上，让他感受到我们对故旧的真心、情谊的永固、关系的亲密，最好尽量就在大庭广众下对他直呼乳名，让其他人羡慕你对他的热烈与激情，这时他那以你为傲的内心获得了最佳的补偿，事实证明他看对人了。如果你没有任何动作，如果你心中根本不在乎这样的一位故旧，他也就在外围或者走了，他与你的现在没有关系，你是你他是他，你不用在乎他的感受，他也不会再去人前人后褒扬你，当然你还是不在乎。但是，这世界关心你的人就越来越少了，你哪天失势了，能在你身边当自己亲人般照顾你陪伴你的人没有了，当然你还是不在意，因为你现在活得好好的。可这就说明了你的心肠不够柔软，不关心周围一度非常关心你的人。你不在乎的结果是，一些福气就在减少了。

“处隐微之地，心迹宜愈显”，做事情必须有资源，有些资源看得见，有些资源看不见，但资源就是要共享的，不是自己一个人独享的。做公家的事情，做好了，得到了许多资源，看得见的，要拿出来与大家共享；看不见的，也要拿出来与大家共享，因为，这世界没有真正看不见的资源，只有台面上和台面下的资源，台面上的资源大家都知道，要好好地分配给大家；台面下的资源，大家心中雪亮，只是都不明白说出来，都瞪大了眼睛用高倍显微镜在看你是怎么处理的。这时候，你对台面下资源的处理就成为众人评价你的关键事件，你处理得越公开，人家评价越高，你可以不公开处理，于是大家就知道了你的格局，认为你私心很重，于是众人心中的你是个俗不可耐的掌权者而已。

“待衰朽之辈，恩礼当愈隆”，一个人的成功，是在众人共同努力下的成功，有今人有前人也会有后人的。你做成功了的事业，将来你老了，要交给承担得起的后人，你的事业才会继续兴盛，有人继承，你的彪炳功业才会有人记得，所以你需要后人。同理，这位继承你的后人，他今日的成功，都是在你往日的辛劳奠基起来的，否则没有他今天的舞台。如果在他风光上台的时候，根本忘了你，提都不提你，甚至没有为你准备尊贵的席位，你心中作何感想？这不是同样的道理吗？今天你站上了高位，成了成功者，你的前人呢？他们已经老去，退居舞台幕后，没有了往日的光彩，但心中对事业的关切仍是热烈的，如果没有被冷暖的人情浇灭，他们也很想要分享事业的荣誉的，那么你是否给他们这样的机会呢？如果你在任何场合讲话都会不时地提到他们，如果你在他们在场的时候都恭敬有礼地尊重他们，你从不忘记你是从他们手里继承下来的广大资产与大好情势，那么你将得到他们的感激。不只如此，那些受过他们帮助而心怀感激的人，也会因为你对他们所敬重的长辈的尊敬，而将他们的能力奉献于你所主掌的事业中，因为他们认同你是他们长辈的继承者。当然，此事无关利害算计，关键在于是否有感恩之心，心中无感恩者，平日不关心，一旦有事，才显热络，这样冷热不均的态度，人家是看得很清楚的。所以关键还是自己的格局，才能平时就显露关心。

以上三条，都是人在成功了以后对待别人应有的态度，它显现出自己的格局胸怀，对人性的透视，对人情的练达。

28. 荣辱炎凉

隐逸林中无荣辱，道义路上泯炎凉。

人生在世，要做自己该做的事情，而不是做别人怎么看你的事情。但是，人们总是在做要让别人怎么看你的事情，却对自己该做的事情看不清楚。人们常说世态炎凉，确实，但这并不妨碍你还是去做道义之事。人们总爱趋荣避辱，然而一旦放野山林，怎么还有荣辱之念呢？

所以说“隐逸林中无荣辱”，一旦远离世俗，解甲归田，告老还乡，隐居深山，那么世间一切荣辱就不用再去说了，如果还不忘情世间，何需来此隐逸生活呢？而此时的荣辱又要与谁分享？荣耀于谁，抱憾于谁呢？应该是通通放下，一概不提了，与周遭的山林田野和光同尘，与山野老少同饮溪水，没有高下是非了才是。

又说“道义路上泯炎凉”，这是人在江湖的状态，路见不平拔刀相助，见人有难挺身而出。社会就是不公义的，人间就是不平等的，你既然要仗义，就不是为了自己，而是为了弱者。既然要协助弱者，就要承担苦难，就是世态炎凉之后才需要你，你承担了，但得不到掌声，只有无力回报的弱者感激的眼神，如果你抱怨世态炎凉，没有桂冠荣耀，无人嘉勉于你，你这样的抱怨，被你帮助的弱者看在眼里，心中是何滋味？原来你是为了显耀自己而来救助他，你一头抱怨世态炎凉无人救助苦难，另一头又抱怨世态炎凉无人感念勇者。你心中不平，你做事不是为了自己的应然，而都是为了别人的评价，你的格局还是很低的。所以，做好事，助弱者，不必要求世道公道待你，本来就不公道，才有道义的价值。

29. 勿要意气

毋偏信而为奸所欺，毋自任而为气所使，
毋以己之长而形人之短，毋因己之拙而忌人之能。

“毋偏信而为奸所欺”：人会被奸人所欺，为什么？首先，奸人欺你的重点是在扰乱你的思维，让你做出错误的判断。奸人为什么是奸人？因为他不怀好意，不做利他之事，甚至损人利己，于己有利，伤人可也。你是做决策的人，必须考虑一切因素，不可以有私心，否则公家的大事就不能成功。虽然你可能有私心，但你还有良知，你还在为公为私之间徘徊，此时，奸人就利用你的弱点，也就是你的私心，寻求同时利你也利他却会损害众人利益的事情来怂恿你，于是他会去合理化这件事情，这就是欺你。而你竟然也认为是合理的，于是你就被欺了，这是因为你自己心中已经有了偏私，有偏私才会有偏信。其中，一定也会有人来告诉你这样是不对的，有损公益的，但你偏偏只肯接收奸人给你的信息，因为他的说法符合你的私心。但其实他更有私心，满足你的私欲的同时更加满足他的私欲，你的江山你的人脉你的形象你的资源或许就都到了他的手上了。你岂不被欺瞒了？人，自己要先没有私欲，尤其是在做公家的事情的时候。

“毋自任而为气所使”：人做事，要能与众人合作，才能成就大事，与人合作时，要尽量做到无我，自己无我了，才能看得到别人的优点，进而重用他的优点，而让事业成功。人若只看得见自己的优点，一味地傲慢，对别人都瞧不上眼，别人给的好建议也不肯采纳，这样就会一意孤行，结果就把事情搞砸了，这都是太过自信所致。你没有恶意，但就是傲慢，傲慢是人生一大缺点，只会使我们的视野和事业变小。“自任”就是只管自己，一意孤行，这就是傲慢，背后也许正是没有自信。

“毋以己之长而形人之短”：人有长处是必须的，但人也不会什么事情都是最厉害的，在能力的光谱中，总是有长有短，人与人之间就是互有优劣，每个人的一生，就是要增加优点，减少缺点，不断成长，创造更多的能力。别人有别人的优缺点，自己也是。于是，对于自己的优点，好好用于社会国家的事业上，为社会做出贡献，这才叫作优点。否则，自己以优点而骄傲凌人，这只是执着，反而是败坏自己的能力的严重缺点。能力是用来帮助别人的，用来伤人的都是暴力，一旦伤人，人亦伤己。“形人之短”，必为人所憎，只会为自己带来祸害，这就是不能懂得能力是用来助人的道理。

“毋因己之拙而忌人之能”：忌人之能时就会产生为恶之心，人都是好人，好人都不会伤害弱者。但是，好人会有变成坏人的时候，原因就是忌妒能力比自己强的人，忌妒心一出，见不得人好，就会伤人。人如何能免于忌妒心呢？就是要有自己的理想与人生，追寻自己的理想，努力工作，向前行，心理就会健康，就不会“忌人之能”。人要是没有理想，要是没在长进，就只能陷入担心害怕的境遇之中，所以人要努力工作，才会心理健康。一旦陷入忌人之境，离为恶就不远了。

30. 恩仇苦乐之深浅

仇边之弩易避，而恩里之戈难防；
苦时之坎易逃，而乐处之阱难脱。

你与人有仇，人家要拿箭射你，你知道要防范，于是容易躲开。这是“仇边之弩易避”。但是，人家对你有恩，却暗中对你下手，裹胁你，压制你，这样的刀剑难防。这就是“恩里之戈难防”。为什么别人对我有恩，却也会伤害我呢？这里，先不算父母对子女的恩情，往往也带着情感的要求，因为这是出乎天性自然的，就算要求太甚，本身也不是出于恶意，只能说是见识不明、愚昧、我执太重而已。但是帝王家就不同了，古时帝王之家确实有父子兄弟恩仇刀剑的情况，因为大家对于那种绝对至高的利益看得太清楚，其实只有利害，恩情都不存了，这也不是这里讲的情况。

现在讲一般的情况。一般社会上人与人之间的善恶对待，其实都带着个人利益的目的，主要并不是要害人，而是要利益自己，但借由示惠将别人和自己的利益绑在一起，这样，就能从别人身上得到利益。然而，这本来就是束缚了别人，就是“恩里之戈”，他并没有要害你，而是要绑住你，本来不是出于恶意，然而一旦你不配合，他可能就会有恶意了。这种带着目的的恩惠确实难防，因为一开始不着痕迹，不易察觉。但也有方法分辨。自己急难的时候，别人的帮忙真心的多；自己可有可无的时候，别人行个方便也多半是他们自己为人的好素养；自己并没有察觉需要，别人来告知利害，要协助你，这时候的危机是较多的。但是，人心难测，很难说哪一类的协助就是带着目的的协助，只能自己分辨，所以，非必要，勿受恩。

当然还有一种情况，对方一开始的帮助，就是带着伤害你的目的而来的，因此这个帮助只是为了接近你，制造害你的环境条件，接近你而后好布局而已，这是最坏的一种“恩里之戈”。那么，如何察觉呢？这就需要自净其意，如果自己满脑子都是欲望，别人来善待你，满足你的欲望，你根本不可能去拒绝，又如何能够分辨别人动机之善恶呢？若自己理性清明，君子之交淡如水，大家自足就好，不必帮来帮去，有人刻意接近，自然就察觉了，不会掉入“恩里之戈”的陷阱，但也不会看不清楚真正的贵人相助。

一旦掉入其中该怎么办呢？处置的方式最终还是决定于自己的个性，是决绝式的，还是不动声色、不配合式的都是条路。但是，要有舍得放下的心理勇气，别人的施恩里肯定有自己的欲望在，放不下这个欲望，又不愿被人裹挟，这样要付出的代价会更大，只有放下自己的欲望，这个戈矛之关才过得去，也不至于与人结仇太甚，否则，过了一坎后面来个更大的坎，这样是划不来的。

总之，非必要，非危难，少受恩。需要什么，自己花功夫去取得。朋友之间，欢乐聚会是可以的，不谈利害，只关风月。若是小恩小惠，眉来眼去，最终结果就是大家彼此捆绑死了，因为那里就是“恩里之戈”的制造工厂。

“苦时之坎易逃”，人家给你难题，要看着你失败，眼前一个陷阱在那里，你无钱无势，难以脱逃，但毕竟，这关过不去，以后的人生也没有可走之路了，既然一无所有，索性豁出去了，全力一搏，无论如何，先挣脱困境再说，其结果也许就过关了。为什么？因为心意决绝，非过不可。所以，人定胜天。

但是，换一种情况，人在顺境甚至是欲望的场景，明明有极大的危险，却不愿预防，不肯舍弃，仍然纵欲而行，结果明摆着的危险就陷下去了，这就是“乐处之阱难脱”。为什么？自己的欲望在那里，一秒不肯放下。

前面讲的是自己的困境在那里，非挣脱不可，所以意志坚决地奋斗。后面讲的是自己的欲望在那里，舍不得放弃，所以宁受其祸，亦不肯避。如何避得掉呢？关键就是有自己的理想，有了理想，时刻在心，虽有一时顺境，不会在此陷溺，虽然处于乐境，不会不加节制。关键都是理想时刻在心，催动着生命的前行。欲望不是罪过，没有理想才是罪过，没有理想的人，什么险境都过不了关，什么灾难都会碰上。

31. 用人交友之道

用人不宜刻，刻则思效者去；交友不宜滥，滥则贡谀者来。

在职场上做事，涉及用人之道。用人用其才，其才对我有用，故而用之，既已用之，则需给予酬劳，酬劳需大度，不宜苛刻。人家有才能来服务你，你却待遇苛刻，人家何必留在你处？人未必为待遇而来，而是为实现理想而来，但你作为主事者，连待遇都苛刻，则你的理想之卑琐可知，你只为钱财用人做事，不是为事情做好来做事，你不爱惜人才，只爱惜钱财，则人才岂不思欲离去？事实上，有能力的人都看清楚你，之后就是离你而去了。这就是“用人不宜刻，刻则思效者去”。

朋友有通财之义，是的，你若还可以，朋友一时有难，你可以帮助就帮助他，但是，朋友是有理想的人、努力上进的人，只是一时困顿，受你之恩，必将涌泉而报，这样的朋友当然助之。然而，有时候，你只是为了有朋友而助人，你可能也不是什么宽裕之人，若是为了疏财好义而时时疏财好义，结果被你疏财的人，可能已经不是有理想、肯上进的人了，恐怕就正是为了满足你自己的疏财仗义的心理需求而来阿谀奉承你的人了，为了你的免费资源而来的人了。这就是“交友不宜滥，滥则贡谀者来”。然而，有些人还是喜欢被奉承，就喜欢在朋友面前摆阔，而不问朋友是否值得交往，当然，认识的人都应保持良好关系，“无友不如己者”指的是德行不好的人，你不应该向他学习，当然也就不必深交，因此也就没有什么仗义疏财之必要了。交友就是以友辅仁，不在这个范畴内的来往，不必用力深求了。

32. 做好事要合作，有功劳要谦下

节义之人济以和衷，才不启忿争之路；
功名之士承以谦德，方不开嫉妒之门。

人都要做君子，儒者都是要为社会服务的，所以是“节义之人”。节义之人做事就是要把事情做好，所以要懂得合作。一旦服务成功，有了荣誉和利益，又要懂得谦让。这样才是真正做事情的人应有的格局与智慧。

“节义之人济以和衷，才不启忿争之路”，“节义”就是为了社会的健康进步而追求理想的事业，但节义中人又特别重视荣誉，有时为了自己有功劳，又见不得人好，甚至不许人插手，这就在节义中夹杂了私欲，私欲不可有，所以要懂得与人为善，有理想的人都应该一起合作，这就是“济以和衷”，若不能合作，你争你的功，我抢我的劳，彼此“忿争”了，大家力量抵消，这就很不好看了，不像是正人君子所为。人要为了事情成功而做事，不是为了独占功劳而做事，这才是真正的节义。

“功名之士承以谦德，方不开嫉妒之门”，事情做好，获得荣誉，要谦下，“承以谦德”，感念大家的贡献，否则自己高高在上，人见之不喜，嫉妒你的功劳，这也对美德有损。如何谦下呢？就是不要一直提醒大家，人家没提自己就不提，人家提了，自己笑一笑客气一下就过去了，不要随着话头又吹嘘自己一番，不要让别人老是得仰望你，这才是有智慧的做法。实力在那里，以后还是你的天下；傲慢在那里，以后就没有你的舞台了。

33. 恩情不可长受，艰苦则不畏惧

恩里由来生害，故快意时须早回头；
败后或反成功，故拂心处切莫放手。

“恩里由来生害，故快意时须早回头”，人要能受恩，因为自己陷入危机，接受人家的救助是必须的。但是，一旦活过来了，

就要靠自己站起来，向前走。这就是“恩里由来生害”，关键就是受助者产生了贪念。作为受助者，“故快意时须早回头”，感谢了恩人之后，就一切靠自己了。一直接受帮助的话，永远没有自己独立的一天，最终真正成了废人。尤其是，扒着恩人又贪图其利，好人都会变坏人了。

“败后或反成功，故拂心处切莫放手”，人要奋斗，要敢于挑战，失败不可怕，没有斗志才遗憾，只有肯努力解决前面不足的问题，争取最终胜利，这才是人生真谛。所以，有难处，不放弃，“故拂心处切莫放手”。

第四讲

透视人性

有理想的人要服务社会，要对他人好，还要了解世人纠结隐微的心思。然而，没有理想的人总是会为恶的，小人就是习于假公济私，损人利己，幻想一本万利，无功受禄，因而，许多做法不按常情，有理想的人要是不能明白，就易于上当受骗，甚至受害。那么，如何识别小人的恶行？《菜根谭》教导人们如何看透人性之恶，练就火眼金睛，让恶行无所逃遁。“透视人性”这一讲就是从察人之恶的角度说的。如此，君子才能继续施展能力，振兴社会。

1. 刻意的行径都不是太好的

惊奇喜异者，终无远大之识；苦节独行者，要有恒久之操。

人生在世，求一个有价值的角色，则莫不须脚踏实地，老实做事。因为做事老实，没有什么出风头的机会，但当事情需要你的时候，关键时刻你都能及时达成，所以你就是个对社会有用的人。做人就是要做有用的人，你是个有用的人，自然会有发光发热的时候，荣誉降临己身，自我感觉良好，也更具备为人处世的信心了。然而，有许多人，事情不认真做，从来没有机会在正式的舞台上被众人肯定，却又不甘寂寞，总想能一飞冲天，广受世人注目，因为没有什么真本事，那就索隐行怪、特立独行吧，这就是“惊奇喜异者”。但是，他这事只是为了一时出风头而做的，所做之事也不是真的有关众人之事，只是吸引大家的眼球而已，此时众人的关注也不是对英雄豪杰的崇拜，而是对新奇好玩之事凑热闹，这种行为，“终无远大之识”，因为他所做的事情并不是维护和建设众人的利益的事情。所以，“惊奇喜异者，终无远大之识”，做人都是脚踏实地者才能真有所成。

有时候，他们所做的事情倒不是只关风月，而是看似有远大理想，却采取“苦节独行”的做法，这样做事一样会引人注目，但是苦节独行是要追求长远的理想，过程就是炼养心智的，艰苦可想，若是希冀得到别人的青睐，幻想着被破格拔擢，一旦佳音不来，难免半途而废，因此，若无“恒久之操”，则所节所行依然是假象而已，必然败下阵来，所以“苦节独行者，要有恒久之操”，否则一样是不实在的。

人只要规规矩矩做事、脚踏实地做事、正常姿势做事就好，不要“惊奇喜异”，也无须“苦节独行”，除非世道艰难，胸怀大志，苦节独行是难免的，但既是苦节独行，就不要引人注意，引人注意的苦节独行等于惊奇喜异。

2. 持身之符变成营私之具

勤者敏于德义，而世人借勤以济其贪；
俭者淡于货利，而世人假俭以饰其吝。
君子持身之符，反为小人营私之具矣，惜哉！

这一条讲人们如何把古人的道理误用、滥用了。所以才说，“读书学古要心地干净”。

“勤者敏于德义，而世人借勤以济其贪”，“勤”是古人讲的美德，勤于做一些符合道德仁义的事情。但是，世人心中多是不要道义，而要私利，为求私利，一样是勤，且以勤劳的美德美化追求私利之行为。例如，做好事是为了好事的本身，但是做了好事会受到赞扬，于是人们为了受到赞扬，霸着好事不放，显示勤于实践，实际是贪求聚焦、贪求虚荣、贪求赞美，殊不知，环境中已经另有老实人的行为凝聚了众人的关心，你的勤行可能没那么有吸引力了。

“俭者淡于货利，而世人假俭以饰其吝”，节俭是为了爱惜资源，爱惜资源是为了发挥资源的最大用处。其实资源就是要拿来用的。但有人想的是把资源占据不放，不给该用的人去用，却以节俭为挡箭牌和借口，轻易不让资源流出给被需要的人使用。这样的节俭却正好是吝啬的借口了，其实是吝啬而不是节俭。

“君子持身之符，反为小人营私之具矣，惜哉”，君子做事情的美德，目的是事情的本身，小人利用这些美德，目的是自己的利益。其中假借混淆，终于把好好的美德变成了自私行为的借口。所以，美德也会流于形式，一切的美德最终的依据还是仁德之心，仁德之心就是关心别人，希望社会变好，缺少了这一项，任何的德目都会被小人误用、滥用成为夹带私利的工具。我们平常看人要会看，那些拿着仁义道德责人标己的人，几乎没有不是在营求私利的。

3. 俭德与让行

俭，美德也，过则为悭吝，为鄙啬，反伤雅道；
让，懿行也，过则为足恭，为曲礼，多出机心。

这一条也是说到美德被虚伪化的情况。

“俭，美德也，过则为悭吝，为鄙啬，反伤雅道”，节俭是美德，这是对自己滥用资源的警戒，而不是拒绝帮助别人、拒绝周济贫弱的借口。所以说“过则为悭吝”，该给不给，该借不借，该用不用，以俭为饰，假饰其吝，其实就是吝啬而已。“反伤雅道”，是说人家等着使用，等你周济，你却以俭拒绝，让人家尴尬难为情，你把这么美好的德行因为自私吝啬滥用了，把一桩美事搞污浊了。

“让，懿行也，过则为足恭，为曲礼，多出机心”，谦让是美德，谦让则人敬重之，谦让是发自内心地对人尊重，这是因为自己有崇高的品德。但是，一些没有什么德行的人，也会表现出谦让，这种谦让，甚至态度还更为恭谨，更为卑下，其实就是有了私心，想借谦下拉拢关系，这时外表的行为就是“足恭”“曲礼”，就是带着谄媚、讨好、取悦的动机而表现出来的谦虚，所以说是“多出机心”。对人有礼，是发自内心的真诚，而不是利害关系的动机，若是这样，人家也会感觉得到，会避着你。对人有礼，是因为人家是社会贤达、有用的人，对人有礼，是因为自己是有理想要做事情的人，对人有礼，不可以变成拉拢别人、索讨利益的途径。

4. 好名更可恶

好利者逸出于道义之外，其害显而浅；
好名者窜入于道义之中，其害隐而深。

好名好利者，对社会总会有所破坏，因为他顾的只是自己的私利，但好名与好利者对社会的破坏，其实还是有区别的。好利的人，关注利，利不过就是金钱、物资上面的，得到了以后，他就满足了。对一项公家的事业而言，我们把它当作该付出的代价就好了，本来以为人家来做义工，来服务奉献的，但是他好利，没关系，当作是公家的事，当作应该付出的成本，因为他的利拿到了，事情也就办好了，这件纠缠的事情也就理清楚了。但如果他是好名的话，他要的东西就不只是利，可能还要权，还要政策的主导方向，而政策主导的方向未必是有利于公众的，总之他要的东西没完没了，最后他就要了你的公司、你的国家、你的命。所以，对付好名者更要谨慎小心，那个抢夺名声的，“窜入于道义之中，其害隐而深”，因为所有的名要有道义才能得到，要有功劳才会有名，既有道义又有功劳，人人信服。如果这个人的做事不是为了事情的本身而是为了名的话，掌握了道义之名就掌握了更大的权力，改变了国家的政策，一切都只是为了满足私欲，这样，其害就深了。

5. 最坏的一种人

受人之恩，虽深不报，怨则浅亦报之；
闻人之恶，虽隐不疑，善则显亦疑之。
此刻之极，薄之尤也，宜切戒之。

社会上有一种人，是最自私的、最自我的，心中只有自己，只有自己最好，别人都不行。只顾自己的利益，别人都是工具。如果受到别人帮助，都视为理所当然，没有感念报恩之心，“受人之恩，虽深不报”；如果被别人稍微得罪了，一定去找人家算账，“怨则浅亦报之”。这种人对自己最好，对别人最坏。如果别人被传闻有什么坏事，就算还没被证实，他也认为别人一定是真的干了坏事，“闻人之恶，虽隐不疑”；如果听到别人有什么好事，就算已经被证实，也会想办法毁谤别人，说他的好事之中也隐藏坏事，“善则显亦疑之”。这种人，就是世间最刻薄寡恩的人，“此刻之极，薄之尤也，宜切戒之”。我们切记不要成为这样的人，更切记不要与这样的人深度交往。

如果碰到这样的人怎么办？就是不深交就好了，也不必去指责得罪，因为你搞不定他们，只有他们搞定你而已，所以，不去链接，也不去冲撞，远离就好了。

6. 表面功夫都是造假

遇大事矜持者，小事必纵弛；

处明庭检饬者，暗室必放逸。

君子只是一个念头持到底，自然临小事如临大敌，坐密室若坐通衢。

“遇大事矜持者，小事必纵弛”。做大事就是要纠合众人，大放利市才能成就大事，要对人宽容、易于相处才能聚人，要舍得物资分与众人，才能掳获人心，一个人如果没有这种度量，自然既不好相处，又不平易近人，这就是矜持。为什么矜持？因为心中只想得自己的私利，于是在与大事无关的小事上，自己的利益之心就必定放纵，这就是在大事面前没有风范者，必在小事上狂妄。

“处明庭检饬者，暗室必放逸”。“处明庭”就是处于大庭广众之下之时，此时大家的行为都光亮亮地直接波动，互有进退，没有什么事情不在众人的眼皮下的，这时候就是要随俗，这个俗就是当下大家的环境条件状态情境，随了俗大家才好一致地进退，一致地进退了事情才会有所进展。此时，若有人特别把自己的标准拿出来要求众人，那就是把自己的形象看得比众人的共同目标更重，利用大家的共识绑架了大家，要迁就自己的特殊爱好，这就是“处明庭检饬”。大家一起在做一件公众的善事，你就一定要开个高价要求必须符合自己的更高的道德标准，这不是自私好表现是什么？这么好名好利之人，在私自独处的时候，还能不放逸纵欲吗？

“君子只是一个念头持到底，自然临小事如临大敌，坐密室若坐通衢”。君子处世，只是做自己该做的事情，小事认真做，没人看见时也不会乱来。这个道德信念，只是自我要求的方向标准，而不是表演给别人看的技巧，从头到尾都是自己的事，从来不是别人的事，除非是领导下属、老师学生的关系，那是职责所在，至于一般的人际互动情境，只是自己不放逸纵欲，绝不是要求别人，更不会裹挟别人。

小事认真做，碰到大事还是扮演原来的角色，不必矜持；大庭广众，还是做自己该做的事，配合大局，不必检饬。有自己该尽的职责，不刻意标高自己，不贪求额外的地位，就能随俗从众，不搞虚伪。

7. 注意自己自私的动机

处事而欲人感恩，便为敛怨之道；
遇事而为人除害，即是导利之机。

人间世事就是人要做的事，人是要做事的，许许多多的事情发生在身边，该怎么做就怎么做。人都有角色，有角色就要做事。人都有职务，有职务就要做事。人都要生活，要生活就要做事。不论做什么事，都是自己该做的事。但许多人不这么认为，总想利用做事再多夺取些什么，总以为扮演了角色，人家就得感谢他，总以为完成了任务，单位就必须感谢他，总想着向周围多要求一些什么。然而，这就是贪念。没有把自己的事情当作自己的事情，“处事而欲人感恩”，便是向人贪求利益，这会令人不快的。人家觉得这是你该做的，人家觉得这是你自愿做的，这样就好了，一旦要人家感恩，人家就觉得你是为了利益而做的，别人心中已经不快，你还大喇喇地要求感恩，“便为敛怨之道”，就是让人家讨厌你了。关键就是，人活着没有想要做事的念头，只有贪求利益的心眼，做什么都要贪求一些什么，这人就很没品格了。

日常生活种种情景，未必是理想的，未必是合理的，未必是舒适的，但是，它就是在生活中出现，不一定非要怎样对付不可，因为它是环境中已经平衡了的事情。有些莞尔一笑，有些令人不快，有些过去就算了，有些是必要付出的代价，付出了就算了，不一定要怎么样。“遇事而为人除害”，有人看见了，就说这是怎样不好，就要出手相救，其实是他自己的好胜心使然，必欲戳破一些大家心照不宣早已接受的事情，非得治一治他不可，这种出头的心，“即是导利之机”。这世界，该做的事情很多，许多摆明大家在忍受迫害、企盼解决的事情，未必有人敢于出头，而一些无可无不可的事情，却会有好事者想要制造议题，插手干涉，从中取利，这就是人世间。有本事帮大家解决困难，而不是自己瞎搅和，说哪里有问题，唯恐天下不乱，而出手干预，其实就是想要从中取利。真正的难事都是需要承担的，这种事情就未必有人肯出头了。为人除害，什么是害？都是这位有利益心的人自己讲的，讲得大家觉得有害，然后自己来处理，帮大家解决困难，这就是为利益而来。这种事一般不易察觉，关键是大家对公众事务也不用心，忽然有人说哪里有问题，然后就出手除害了，然后就要人家报答了，其实就跟着假公济私了，这就是虚伪。

“处事而欲人感恩”，是做了一件对大众有利的事，但要求感谢；“遇事而为人除害”，是解决了一件大家本来不知道是严重有害的事情，然后要人报答。这都是为自己而做，不是为别人而做，是有目的的行为，谈不上行善，私欲的展现而已。

8. 勿轻易许身于人

先达笑弹冠，休向侯门轻曳裾；
相知犹按剑，莫从世路暗投珠。

“先达笑弹冠，休向侯门轻曳裾”：官场上，高位阶之人，有些是一心想着高位，而不是人民的福利，总以争取高位作为自己人生的目的，而不是做大事，一句话，就是只想做大官。一旦为大官，就志得意满，并以此标榜，官官相较，彼此高下。已经跳上去的人看到刚跳上来的人那种兢兢业业、战战兢兢的举手投足，就觉得发趣好笑了，不免当面嘲讽一番。新人不知壶底，只好讪讪受笑。其实，不去接触就好了，就是自己也以为攀上高位了，所以要去龙门探路，但对富贵群体的行为逻辑就是生疏，因此多了一番矜持，所以受到人家当面讪笑，岂不自取其辱。然而，小人是不以为忤的，甚至正好以受高位者讪笑为获得了晋升集团的入场券，还正得意着呢，因为已经加入高层，被看见了，扮个小丑正好入会。然而，正人君子则不然，腰杆挺直，绝不受辱，既然不想受辱，就休去攀附，不必去打招呼，不宜去搅和，以后能不接触尽量不接触，一旦接触，不是同流合污就是对立冲突，避之唯恐不及，何来“轻曳裾”。被讪笑，还只是欢迎仪式，以后光怪陆离、卑躬屈膝的事还等在后头。

“相知犹按剑，莫从世路暗投珠”：出门在外，需要朋友，四海之内皆兄弟，多好呀。然而，在名利场中的人际关系却不是这样，都是好名好利好表现见不得人好，即便相识的朋友间都会互相计较利害关系，必要时也会损人利己、口蜜腹剑，更何况素不相识没有交情的官场中人，不必幻想人家会不计利害地帮助你，更不必以为自己攀上了哪门的直达车可以上达天听一跃龙门。实力都是一步一脚印踏出来的，人际关系只是结果，绝不是入场券，不必把力气放在这里。你有实力，自然有人识你，有人找你；你没实力，再怎么向上攀附，都只是别人眼中无足轻重之人，何必自我作贱呢！

9. 小大之辨

鷃占一枝，反笑鹏心奢侈；
兔营三窟，转嗤鹤垒高危。
智小者不可以谋大，趣卑者不可以谈高，信然矣！

人各有志，因此人与人之间就是会有不一样的观点，其实是不一样在个人的品位、格局上，一个人格局的高下将影响他的视野、作风以及终身的成就。但是，是什么东西决定了格局的高下呢？当然是价值观。然而人们价值观的高下最终又是什么东西在做决定呢？实际上还是一颗关爱的心。关爱的心就是仁德的胸怀，也就是良知，良知就是善意待人的心、恻隐之心。心中有别人，关心别人，就会希望社会更好，也会勉励自己多做多学习，也会勤劳，会努力工作，一心就是希望所爱的人、所爱的社会国家日日变得更好。为此，他会不断地努力，做各种事情以改善社会。然而，没有这种格局视野的人，想的就是自己的利益，对于这种有淑世理想的人，会觉得他们的作为都是白费力气，做那么多，自己又用不到，何必呢？这就是视野不同、格局不同的人的看法。小人对于有理想的人，常常是言语不通的，他们就是想不通你的观点，也不想好好理解，你要邀请他们、说服他们是很难的，因为这是需要承担的，他们就是懒散久了，自私久了，所以对于付出与助人已经无感，你做什么事都不可能来助你，实际上你也只好放弃他们了。当然，圣人是不放弃人的，但在关键的时刻、危急的时候，这些没有理想没有斗志没有宏大的视野格局的人，是不可能在你身边助阵的，你当下也只能放弃，不是放弃他们的人性，而是放弃他们加入努力付出的团队。你自己来做就好了。

这一段文字一开始引用的是庄子的话语。庄子《逍遥游》言："许由曰：'子治天下，天下既已治也。而我犹代子，吾将为名乎？名者实之宾也。吾将为宾乎？鹪鹩巢于深林，不过一枝；偃鼠饮河，不过满腹。归休乎君，予无所用天下为！庖人虽不治庖，尸祝不越樽俎而代之矣！'"这里是说尧看到道家人物许由如此自在自适，觉得他的境界比自己高多了，因此要把天下让位给他，但是庄子类型的道家人物是不受天下的，因为他们是个人主义、自由主义的立场，认为生活是很简单的，不必张罗那么多资源，人活着很简单，不必妄想取天下，因此说"鹪鹩巢于深林，不过一枝"，意思是说许由没有掌握天下的企图，人的生存只要世间的一点点资源就可以过得很好了，言下之意，把尧当作好事之徒，也不肯定尧为天下帝王的功业。所以，“鹪占一枝”是庄子肯定的价值，亦即在世间我不要什么。我要的是天地间的自由翱翔，也就是大鹏的遨游九万里，所以，鷦鹩的立场是庄子肯定的，大鹏的遨游也是庄子所肯定的，大鹏的遨游不是在人间世界的天下权力，而是与天地之间的造物者游，这是道家庄子的立场。但这不是《菜根谭》的立场。《菜根谭》只是借了庄子书中的概念，讲鷦鹩的自足，却不识大鹏的胸怀。这是《菜根谭》讲“鹪占一枝，反笑鹏心奢侈”的意思。

“兔营三窟，转嗤鹤垒高危”：狡兔三窟，为什么？当然是为安全保险之计，所以兔子在地上奔走需要三窟。但是鹤在空中飞翔，它并不需要洞窟，它只需要高高在上面待着，兔子看到它在危险的悬崖峭壁上筑巢，以为它很笨、很危险。其实鹤一点也不危险，因为在天空翱翔，自然没有地上的动物可以欺负它了，但兔却嘲笑它，实际上是兔子自己视野短浅了。

因此，“智小者不可以谋大，趣卑者不可以谈高”，人的格局不一样，没有志气者，你是不能拿他怎么样的。

10. 要懂得不受烦恼

炎凉之态，富贵更甚于贫贱；
妒忌之心，骨肉尤狠于外人。
此处若不当以冷肠，御以平气，鲜不日坐烦恼障中矣。

“炎凉之态，富贵更甚于贫贱”：“炎凉”就是没有人会帮助弱势者的情况。“富贵”是人在高位时。“贫贱”指的是处于一般地位的普通人。人多努力往上爬，自己爬上去了就看别人在下面，只会轻贱之，这就是以追求自己的利益为人生目标的人的心态。人应该往上爬，往上爬是要发挥所长、帮助别人，让社会变得更好，若是这样，人爬上去就开始发挥能力改善世间了。可惜，人间大多并非如此。自己上去了，就只顾享用权势，看到别人上去了，自己也很想上高位，于是趋炎附势，媚惑讨好。其实，这些正好让上位者轻视。富贵中人，少有同情弱者的，你不行了，就靠边站，不要挤上来，这里只有锦上添花，少有雪中送炭。所以，有志气的人少加入这些团体为好。富贵者当然不该如此，但世人多半如此，所以要看得清楚，以免自己受辱。想要的东西靠自己努力去争取，靠自己实力去获得，得到了，实实在在，心情愉快。

“妒忌之心，骨肉尤狠于外人”：“骨肉”就是自己的父母兄弟姊妹子女，就是家人。家人常常是父母的东西就是你的东西，终生如此，若在小时候，兄弟姊妹的东西也是你的东西。然而，人一旦长大，经济独立，生活独立，父母兄弟姊妹之间还是有分寸的。只不过，同是一家人，能力相当、智力相当，人生的际遇却未必一样，甚至差异甚大，父子成就不一定相同，兄弟姊妹之间也不一定相同。当子女把父母亲拥有的资产当作自己的东西的时候，若是得不到，可能就心起恶念了。他却不去设想父母亲是如何辛勤地打拼才有这样的生活。兄弟姐妹也是一样，他们拥有的东西也是自己努力得来的，不能以为自己有同样的资质，就一定能有同样的所得。还是一句老话，想要拥有什么，就自己努力去获得，一切靠自己。父母兄弟姊妹之间，因为太亲近了，因为亲情，因为关爱，总是会分多与少，总是会无条件给予，但这是在襁褓期，是在幼儿期，是在成长期。一旦长大了，建立了自己的小家庭之后，就要尽全力打拼以满足家庭之所需，而不能还是事事仰仗依赖原生家庭的供应给予，看家人日子过得极好，自己就以为有权利分享，得不到就有抢夺之心，故而“妒忌之心，骨肉尤狠于外人”，这是因为，外人知道不是自己的，一边抢还会一边遮掩，骨肉之间就分不清了，抢夺起来更加凶狠。

“若不当以冷肠，御以平气，鲜不日坐烦恼障中矣”：富贵中人的炎凉与骨肉之间的妒忌，都使人心寒。但是，别人的富贵就是别人的富贵，不必去贪想，没什么大不了的。至于自己的骨肉就是自己的骨肉，只好忍下，总不能伤害自己的骨肉父兄吧，能避就避，不能避的时候，控管一下损伤就好，切不可痛下打手。以冷肠平气御之，不必烦恼，因为这些都是人性中自然会发生的事情，关键就是别人没有把爱分享出来，没有关怀利他之心，但是你有，只是别人没有，就算了吧，你也不能去学人家，这样自己就虚伪不真了，放下不去硬碰就好了。

朋友同侪之间还有礼让要讲，骨肉至亲之间通常没什么好讲的，人家可以计较，你却不能计较，境遇好的，通常就是要无条件地给予，这才是骨肉至亲。

11. 平常过日子

阴谋怪习，异行奇能，俱是涉世的祸胎。
只一个庸德庸行，便可以完混沌而召和平。

“阴谋怪习，异行奇能，俱是涉世的祸胎”：人活着，就是好好做事，好好生活，有多少本事承担多少责任，有什么贡献过什么生活。但是，总是有人看不透此理，别人有的自己也要有，却不能通过老实努力、学习积累而得，而是走旁门左道。荣誉，要靠实力而得，若没有实力，还贪求荣誉，就靠“阴谋怪习、异行奇能”，其目的是要和站上高位者同享一样的地位与权势。然而，权力是要用来做事的，是要为百姓造福的，若是不能做事，光靠虚张声势，哄骗别人，吓唬别人，引诱别人，结果可能也得到了权势。但是，一旦涉及利益争夺，不论明暗，人家就要来伤你了，这种虚张的权势，只会害了自己。

世间事都有既定获得的正常渠道，透过正常渠道得到的是实至名归。若得不到，就算了，日子还是可以过下去；如果正常渠道得不到，却还要硬得，鲜不以旁门左道而得者了。此时，得到一些虚名也还罢了，人家不会想动你，若得到的是实际利益就麻烦了，你不付出应有的代价是不可能的，这就是“涉世的祸胎”。“异行奇能”当作休闲娱乐可以，但不要偏枯，偏枯就是一直守在此事而忘了实事，偶尔玩赏一下，不登大雅之堂。若登堂入室，没有福国利民的本事，还想同享权势，没有不被拉下马来的。

“只一个庸德庸行，便可以完混沌而召和平”：“庸德庸行”就是平常的生活认真地过，自己的事情认真地做，不贪慕富贵权势，不搞“阴谋怪习，异行奇能”。既然没有不该有的东西，就不会有意外的灾难，日子安安稳稳，人生平平顺顺。

成就大事，一切靠实力，若想借由法术神通以得之，祸害将更加惨烈，贪欲强盛者敢为不法之事，然其祸之惨，也只能自受了。站上高位，就是来做事的，你没本事也来享受高位权势，旁边的人能容你吗？被轻视窃笑只是小事，被推上舞台任人宰割就不是你受得了的。何不有多少本事坐多大位子，实实在在，安安心心。

12. 人事权的迷思

闻恶不可就恶，恐为谗夫泄怒；
闻喜不可即亲，恐引奸人近身。

人会有掌权的时候，手握资源，断人生死，这时候，周围的人都会想来影响你，其中一种做法就是影响你的人事，影响你所用的人。有些你用得不错的人，因为某事得罪了别人，人家就来你面前说他的坏话，你不可以不加查证就惩罚他，因为这只是别人泄愤的胡说而已。这就是“闻恶不可就恶，恐为谗夫泄怒”。

至于“闻喜不可即亲，恐引奸人近身”，是说别人也可能想要安插某人到你身边做事，但他不是为了帮你把事情做好而推荐贤人，而是为了想从中牟利而插队卡位，所以开始在你面前说某人的好话，你不可以不加思索就把这人引进身边担任要职，因为这样一来可能就任用非人了。

像这一类的思考，在传统思想中就是法家讲得最多了，法家对人性的恶看得多、看得透，儒家当然知道这些道理，但是儒者之所以为儒者的关键毕竟是在福国利民、仁民爱物的正向思考上，这些对治小人恶徒的思维，还是法家讲得最深入、最详尽。

但是，做领导的人为什么会“闻恶就恶”“闻喜即亲”呢？因为自己是懒惰虫，因为自己根本就是无能的人，因为自己根本就是小人站上高位的人，只是来纵欲享乐的，因此事情都交给别人去办，自然部下说什么，领导就做什么，其结果，古代的皇帝被大臣杀掉的还少吗？任何职务上的主事者被部属架空的还少吗？人，要有本事再坐到位子上，否则事事任人摆布，自己只是小人、权臣的傀儡，岂不悲哀？想摆脱被架空的命运吗？好好了解一下自己职务上所有该知道的事情，去读一下《韩非子》，你就知道自己这个领导做得是有权还是无权了，关键就是，政策是否自己拍板？人事是否自己决断？缺了任何一样，你就是傀儡而已。

你厉害，别人要断你臂膀，就说你身边重用的人的坏话。你权势大资源多，别人就要安插亲信到你身边来夺取资源。你都要能够分辨，不要任意惩罚自己身边的人，分到身边的人要给他虚的事情去忙，不要给他实的资源去看管，种种操作，用心面对。心静，就看得清，分得明，小心应对，才能巩固好自己所拥有的一切。

13. 险恶的人生大戏

大恶多从柔处伏，哲士须防绵里之针；
深仇常自爱中来，达人宜远刀头之蜜。

人际关系的险恶，就在这两句话中了。前一句是要来黏你的，但他会索讨。后一句是要来爱你的，但他要回报。其实都是别人的贪念，你要时时警惕。前一句通常是官场公事场合，后一句通常是私人之间的恩怨。

“大恶多从柔处伏，哲士须防绵里之针”，要害一个人，谈何容易？想要置人于死地，得慢慢布局，才能一击致命。当然，人不是一开始就想要害人的，都是食髓知味后贪念炽盛而起意的。别人把你害惨了，但你为何会被害惨呢？难道完全没有警觉心吗？你当然是有的，但是别人没有显露要害你的意思，他跟你的关系既不是竞争者也不是仇人时，你自然不会产生戒心，就是平常生活事业上的伙伴，他与你相处正常。但其实，随着你的事业做大，随着你的声誉日隆，他想要却得不到，忌妒之心油然而生，但又不思努力，不甘人后，自然产生异心，想要抢夺，他不动声色，“从柔处伏”，深入你的细胞，渗入你的骨髓，像癌细胞一样，爆发起来就是重病绝症，置你于死地。

所以，人时时要注意身边共事的伙伴，要满足他们的利益之心，不要让他们起争心，而且，自己也要有审时度势的智慧。“爵位不宜太盛，太盛则危”，坐得差不多了，位子要让一让，否则为你抬轿的人何时乘轿?他也是有好胜心的人,觉得你坐得差不多了,位子就应该会转交给他,但你竟然一坐坐到死也不退,那他岂不今生无望了,既然如此,想办法让你坐不了,但就是暗中使劲,这就是“绵里之针”。你不知道那里有危险,平常的作息、平常的决断,竟然让自己踏入险境。这真是人心险恶,但你自己也太不知警觉了,只顾及自己的势力扩张,不用心防范周围的人的心思,“大恶”就对你下手了。

权力的世界,几乎每个成员都是豺狼虎豹,没有软心肠的人,你要看清楚,自己的目的是什么?是来抢的,那就莫怪别人也来抢你的。是来给的,那给完了以后就下台回家,资源让出去,就没事了。

“深仇常自爱中来,达人宜远刀头之蜜”:身边爱你的人真是爱你的,只是爱得太狂、太不聪明了,他的爱带着占有,想占有你的一切,不容他人插手,这当然还是贪念,是爱你的人自己的素养太差,他的爱不是“给”而竟然是“拿”。

既然爱你又为何会仇视你呢?因为你没有给他相等的爱,而你却不在意地不断接受他的爱,你也一直拿了,既然你拿了,他也是要拿的,要拿走你能给的一切。后妃杀君王就是要夺走君王的一切给自己的儿子,因为君王有太多后妃太多王子,她得到的爱不完整了,就来仇视你了。

人都必须要有素养,做人就是做自己,然后善待人。善待人、爱人是去给,而不是去索讨。对人家好是我们的素养,爱得太深变成仇人,这就是自己有私心了,爱别人其实却只是爱自己。爱是要给的,不是要拿的。要拿的爱,一开始就是贪念了,这就是“刀头之蜜”,你给人甜头,却要索求回报,背后就是伤人的刀剑了。爱就是给，否则会伤人，伤人的时候你给的就不是爱，你根本不是真的在爱人，却一味地指责别人没有爱你，这样对吗？要想清楚。

14. 对人不喜怒，对事不爱憎

士君子之涉世，
于人不可轻为喜怒，喜怒轻，则心腹肝胆皆为人所窥；
于物不可重为爱憎，爱憎重，则意气精神悉为物所制。

人有喜怒是必然，但这里讲的喜怒不是“当喜则喜，当怒则怒”的喜怒，那是“君子之心事，如天青日白，不可使人不知”，是公是公非的好恶，反而应该表现出来。这里讲的喜怒是个人好恶的喜怒，是私情私欲的好恶，潜意识的欲望贪念的好恶，这种好恶与情绪最直接，难以遮掩，有好恶在心中就直接显现为喜怒在外表，厉害的人不必你说出来就知道你的欲望了。

在官场中，在阶层中，在利害关系人的网络中，用喜用怒都会产生社会效应。在高位者用喜，所喜之事之物，下位者必投其所好，等于变相要挟利益输送。在高位者用怒，下位者固然得以避其所愤，更高位者则能看出其他能力的局限，超出能力范围的事情他就会生气了。这里的能力指的是做公家事业的胸襟，可否损之又损以至无为，也就是只是给而不贪要，若是不能做到，就会裹挟利益，若是不能得到利益，就现出愤怒状，智者便知你的修为境界到哪里了。

其实重点不是喜怒的表情，而是喜怒背后的心思，“当喜则喜，当怒则怒”，一点都不遮掩，不当喜不当怒而显现喜怒，那不是再明显不过地泄露了自己的欲望私心吗？所以说：“于人不可轻为喜怒，喜怒轻，则心腹肝胆皆为人所窥。”

至于“于物不可重为爱憎，爱憎重，则意气精神悉为物所制”，讲的是痴，喜怒讲的是贪、嗔。“物”是事也是物，好玩的事，喜好的物，外在的东西，休闲的事情，把玩可以，但不要耗费过多的精力，不要把干正事的时间拿去把玩这些事，不是不可以，而是不要过度。这个道理本来是简单而易懂的，但是人们为什么会在这些事情上耗费精力呢？简单来说就是没事干，眼前没有重要的事情必须处理，或是没有把重要的事情看得很重，因此耽误在休闲娱乐的事物上，没事干就是没理想，没理想就需要消磨时间，其实不是“为物所制”，而是没有理想。

不可轻为和不可重为都说的是不该为之事就不可为，喜怒之事做一下就事关重大，所以不该为，但人们却易于轻为，结果当然害了自己；休闲把玩之事表面上无关痛痒，但若痴迷其中，忽略正事，一样害死自己。

喜怒为人所知，自己就无法察觉别人的动机了，因为人家都把你伺候得好好的了。爱憎过于明显，自己就无法管束自己了，因为早已被琐屑的事情占满了心头。不喜怒，不爱憎，才是智者保护自己的方法。

15. 给不宜太多，能不宜太尽

待人而留有余，不尽之恩礼，则可以维系无厌之人心；
御事而留有余，不尽之才智，则可以提防不测之事变。

帮助别人，做得差不多就好，不宜一直帮到底，否则，对方生出贪得无厌之心后，你俩的人际关系也难以维持了。为公家做事，自己的能力要留一手，如果别人也有能力，就让别人去表现，否则会引起他人的忌妒，从而使自己受到伤害。

这里讲的是对人性阴暗面的了解和谨慎处理之道。待人要有善意，要乐于助人，这等于是施恩。人为什么愿意施恩与人呢？因为希望社会变好。对和我有缘的人我都与人为善，助其成就，结果却也让我自己的生活圈变得更好，让我的人际关系愈加圆满，这些都是因为乐于助人而来。然而，对于被我帮助的人，我也要有一些人性负面现象上的认识，那就是，助人要有限度，否则引起对方无厌之人心，很可能“恩里由来生害”。这是因为人都有惰性以及贪念。人有困难，当应受人帮助，但是，若帮助者给得太多，而受助者不劳而获，便容易产生贪欲之心，就会想要更多，等于激起了他的不当欲望。所以，助人者的给予要有限度，这就是“待人而留有余，不尽之恩礼”，否则，激起对方的贪欲之心，正好对付自己，让自己陷入被人恩将仇报的窘境了。

“则可以维系无厌之人心”，有了这层认识，就可以维系住施恩者与受恩者的良好关系。这就是看清楚人性的贪婪面，人都是欲望无限的，没有满足的时候，本来有难受助是件好事，但给予者不分轻重就过度赐予时，反而会激起人心不满足的欲求，人心不足蛇吞象是常态。如何与“无厌之人心”周旋？那就是恩礼不宜过重，适可即止，帮到刀口上就好，剩下的路让他自己走。

为什么助人者会帮忙帮过头呢？这是因为人性中有一种心态导致热心过度，即助人者自己容易兴奋，喜欢享受被感谢的感觉，于是过于主动。当受助者的贪欲之心被激起，反过来不断索求给予的时候，就是助人者厄运来到之时。这就是“待人而留有余，不尽之恩礼，则可以维系无厌之人心”。

至于“御事而留有余，不尽之才智，则可以提防不测之事变”，是说做事情要认真做，要好好发挥自己的才干，把事情做好，为了社会的进步，为了所爱的家人，人人都应努力工作、积极付出，以追求社会建设的成就。但是，在人际关系中，要注意人们的忌妒心理。事情可以办好，只是办事情的时候要注意同侪的感受，能办好事情，表示自己有能力。能力当然是用来做事助人的，却会引起他人的忌妒心理，人都好胜，都希望自己能在人前风风光光。大家一起做事，有人表现特别突出，就有人心怀忌妒，如果每次都是某人带头把事情做好，出头把难题解决，对于大众而言，绝对是值得感激崇拜的，而对于一起做事情的人，滋味就不甚好，因为一切的荣誉都让别人得去了，自己一样付出甚多，但那人确实智慧反应都高人一等，总是他解决了最难的问题，总是他适时地指出做事的方向，这不令人忌妒吗？一旦忌妒心起，好人也会变坏人，会想去伤害他，不让他继续风光，因为自己实在太窝囊了。这就是为什么要“御事而留有余，不尽之才智”，也就是不要事事出头，不要每件事都把自己的聪明用出去，只要事情还可以解决，让别人出出风头更好。当别人也获得成就感，他的高傲之心就满足了，“则可以提防不测之事变”，也就是不会找你麻烦了。

一个人为什么事事都要出头呢？这还是成就感欲望太强所致，人是要做事的，做事是为了事情成功，是为了众人的福祉。但是，人们往往在做事的时候更多是为了自己的风光，为了被崇拜的兴奋感，于是不断地尽心竭力解决困难，甚至提高事情的标准，延长完成的时间，深化影响的程度，总之让自己掌握指挥权就是最重要的。这其实就是好胜心，是贪欲，是想占上风，但谁不想占上风，都你占上风了，别人做什么？不如把你拉下来，于是你有得受了。

所以，事情要做，但要和大家一起做；做事要成功，但要和大家一起享功劳，不要一个人把功劳都占光了，这是自招危险的事情。

16. 讲话时要懂得人心

遇沉沉不语之士，且莫输心；
见悻悻自好之人，应须防口。

人在社会活动，随时接触各种人物，需要有知人的能力，特别对别人不熟悉时，要有特殊的看人本领。“遇沉沉不语之士，且莫输心”，通常随意的闲谈，你一句我一语的，有来有往。但有人是有来无往，这也许就是他心里有防备，特别在意某件事情，因此十分谨慎而不开口，就是不想让你知道他的心思，而他却在聆听中想要撷取你的想法，好为后来做准备。碰到这种情况，自己就要慎言了，要小心泄露自己的所知，以及对事情的立场。通常身有重要职务的人，在平日的生活场景中，就会碰到这种事情，在众人随意说话时，一个不愿表达自己想法的人，很可能就是来探测的意味，在你畅谈己见的时候，别人正在利用这些信息，因此，“且莫输心”。因为你不知道别人会把你的立场拿去做什么用。这是在碰到不说话的人的时候，就要自己少说话，怕泄露。

但是，人也会碰到好说话的人，那就要看他说的是什么话，“见悻悻自好之人，应须防口”。悻悻自好之人，就是骄傲之人，公开场合的讲话，都在炫耀自己的厉害之处，你跟他讲话，小心不要抢了人家的风采，否则人家肯定心里不舒服了。这时要自己注意说话的内容，不要跟着也炫耀起自己来，人家不是来听你炫耀厉害的，人家只要他自己厉害而已，所以少开口，以免得罪人。

通常闲谈的场合，大家你来我往是最正常的，话题不断转换，没什么重点的，其实是浪费生命的事情。但这时也是看人察品的时机，除非是很熟的朋友，如果是不熟的人，都不说话的要小心，话多又自夸的也要小心。

不说话的“木讷之人”和不说话的“沉沉不语之士”是不同的。孔子赞许木讷之人，《菜根谭》提防不语之士，这如何区别呢？很简单。木讷之人是谦逊为怀，你讲话时他会看着你的眼睛，点头微笑，要他讲话时他只是话不多，而不是不回答。沉沉不语之士，你讲话时他避开你的眼神，要他讲话时他不说话。这就是分辨的方法。

17. 恩与威的实施原则

恩宜自淡而浓，先浓而后淡者，人忘其惠；
威宜自严而宽，先宽而后严者，人怨其酷。

与人相处，贵在知人，重在助人。助人有施恩、有威严。施恩救助急难，威严导其向上。但是仍要知人，施恩时要知人，威严时也要知人。知人都是知其弱点，但不是要打击别人的弱点，而是要防范别人的弱点，防范别人的弱点对自己造成的负担，甚至是伤害。

"恩宜自淡而浓，先浓而后淡者，人忘其惠"：施恩时，要助其急难，但也要有限度，脱险即可。之后的道路要他自己去走，他认真地成长了，有了能力，可以再进一步，这时候可以再度助他，这样一步一步地给予，他得到的是他实力具备的，他会珍惜，更会继续上进。如果他没有付出应有的努力，你一开始就给他很多，后来发现他不行了，再收回去，他只会记得你的夺取，不会记得你的施恩。不能说他的反应是你造成的，但你的施与确实是缺乏人性透视下的技巧。

"威宜自严而宽，先宽而后严者，人怨其酷"：上对下的管理，老师管学生，将军管士兵，都是需要先严后宽，把规矩定严格，人人守规矩，团队才能前进。"后宽"是他们已经做到了，守纪律了，知道分寸了，一旦犯错，不会争辩，不会反抗惩罚，这时候可以宽厚待之，不是不罚，可以记在账下，将功赎罪。这样，对方还是乐意接受的。若“先宽后严”，在对方犯错后施以更为严厉的惩罚，则对方心中有怨，会觉得领导过于严苛。事实上是因为纪律的必要，所以你施予惩罚，但这必须是早早就说好的，且必须在日常生活中时刻督导严格落实的，让他接受，让他习惯，若非如此，就会怨恨你过于严厉了。

这一切，其实也都是对人性现象的洞察，都是要对人好，都是要助人，但是要有技巧。不要一头热，施与过厚；不要心肠软，管理过松。这样才能把人带好，这才是真正助人。

18. 人性浇薄

当与人同过，不当与人同功，同功则相忌；
可与人共难，不可与人共乐，共乐则相仇。

人在什么状态中会有危难呢？在什么情况下会遭忌妒呢？在什么情况里会互相仇恨呢？这真是人生的大智慧要面对的事情。

人在高位，在得意之时，会有危难，为什么？因为抢功劳，享安乐，而功劳安乐都是大欲望之事，人在有大欲望的时候，只有想要得更多，没有愿意减少的，你多拿了，别人就少得了，这个时候灾难就来了。但是，当人们处于逆境的时候，有过有难的时候，人们愿意低头、愿意减损，反而大家相安无事，无灾无难了。“同过”是一起承担苦难，你愿意与人同过，结果每一个人受苦的感觉就不那么重了，这种事情可多做，别人会感谢你。“同功”就是利益分摊，你与人同功，结果每个人分到的利益就少了，人会怨你，这种事情要少做。利益是谁都舍不得分给别人的，除非他是君子，是圣人，是真正的领导者，他为了团队的事业，利益可以多给你一些。所以当你有功时，少与人抢功，功劳要分给别人，利益要分给别人，功劳永远是领导的，权力永远与同事分享，利益永远送给部属，这样就好了，就不会有人忌妒忌惮怨恨你，你就永得安乐。老是要跟人分功、抢功，就是在抢利益。人到了第二爻[①]，赚的钱绝对可以活一辈子不会饿死，人到了第四爻，赚的钱绝对可以活三辈子舒舒服服。因此你不需要更多了，所以你不必要与人同功。“同功则相忌”，危险又来了。做事情就好了，功劳记在天道簿上就好，不记在人间皇榜上，能够实现理想，才是最重要的，人爵不要贪，要天爵就好了。

犯错误受责罚时人愈多愈好，这样压力会变小。办事情成功受奖赏时人愈少愈好，这样好处会多些。智者与人相处，深谙此道，故有过时可以与人同受惩罚，有功时就尽量避开，不与人争利，人际的奥妙就在这里，这就是了解人性之后的智慧做法。

人活着，就是要成长，成长以为社会服务，过程中还要了解人性，不得罪人的同时，把事情办好了，让社会、国家、公司得到利益，让公事圆满，私人之间也无恩怨，这样一个人的福德就不断提升了。

---

① 编者注：“周易”六爻，初爻，第一爻象征着事物的开始。第二爻，也被称为“进展爻”，代表着事物的成长和发展。第三爻，也被称为“成就爻”，象征着事物的成熟和成功。第四爻，也被称为“变革爻”，代表着事物的转变，面临新的挑战机遇。第五爻，“危机爻”，象征危机、困难。第六爻，代表事物的结束和完成。

19. 老天要你智诲愚，富济贫

天贤一人，以诲众人之愚，而世人反逞其所长，以形人之短；

天富一人，以济众人之困，而世人反挟其所有，以凌人之贫；

真天之戮民哉！

人有才华，这是上天赐予你的能力，目的是要你带领众人，在生命的旅途中拾级而上、步步成长，当你具备了世间的聪明才智之后，就应该好好扮演这样的角色。但是，却有不少聪明人，过分高傲，好胜心太强，只顾自己的好，忘了帮助别人成长的天职，反而轻蔑别人、高傲凌人，这样就是“天贤一人，以诲众人之愚，而世人反逞其所长，以形人之短”，如此一来，你的聪明只是利益了自己，却践踏了别人，你在世间的活动，加分的少，扣分的多，真可惜了老天给你的才华聪明。

人有财富，是因为你有理财的能力，但这也是上天赐给你的能力，希望你帮助世间分配财富，让众人皆可获得温饱。但是，许多富有的人，反而对为自己工作的人十分吝啬，多做少给。人家依你为生，不得不低头，否则一无所有，结果你却恣意压榨，这真是辜负了老天赐给你的财富。老天让你成就事业，分配工资，助人生存，你却克扣工资，欺负穷人，这就是“天富一人，以济众人之困，而世人反挟其所有，以凌人之贫”。

人拥有什么，都是有意义的，聪明就是要你去教人，富有就是要你去助人。能力都是用来帮助人的，不是欺负人的，欺负人的能力就不算是能力，反而是众人的灾难。

20. 太投入遭危险

波浪兼天，舟中不知惧，而舟外者寒心；
猖狂骂坐，席上不知警，而席外者咋舌。
故君子身虽在事中，心要超事外也。

“波浪兼天”，那么浪涛里的船只可危险了。“舟中不知惧，而舟外者寒心”，岸上的人都在担心得不得了，船里头的人却可能没那么害怕。因为他们待在船舱里，只是晃一晃而已，也许还在喝酒谈心，没怎么当一回事。但这样就是疏于警戒了，应该要盯紧驾驶舱，掌握好划桨，处理好平衡，而不是放任它去，享受摇晃的美感。

“猖狂骂坐”，人在会议室或酒桌上，谈事情谈得太投入，情绪太高涨，不该说的话都说出来了，不能得罪的人都得罪了，自己叫骂得过瘾，旁边的人替他担心不已，“席上不知警，而席外者咋舌”。

这两句话是要告诫人们，身在事中时，常常只见事中而不见事外，只看眼前不看未来，如果是这样，应付了眼前的，却顾不到未来的。所以，人在任何时候眼界都要高一层，警觉心都要多一分，情绪都要控制好，注意周遭，才不会处理这件事却搞坏了别的事。“故君子身虽在事中，心要超事外也”。时常人们在一些人面前，为了争强斗胜，把自己说得很高，把别人贬得很低，语言之中已经为自己埋下了祸根，当话传到别人耳里，就救不回来了。这就是情商太低的结果。这种过失都是太好胜所致，人要避免好胜，就是要有真本事，而真本事都是靠埋头努力换来的，绝不是逞口舌之快能得到的。

21. 诈善与改节

君子而诈善，无异小人之肆恶；
君子而改节，不若小人之自新。

君子是乐于行善的人，但行善是实际去做的，不是嘴巴上说的。嘴巴上说是要讨利益的，讨一个高高在上的善人地位的利益。但如果没有真的去做，这就是诈善了，诈善的行为，并不比小人肆恶来得好，小人肆恶当然不对，但君子诈善不就是为恶了吗？这就是“君子而诈善，无异小人之肆恶”。

君子诈善，等于为恶，等于改节。过去为恶的小人，知错认错，虽有过往的恶行，但此刻心地干净，一心为善，这就比过去没有明显恶行但现在为恶的君子要好得多了，所以说“君子而改节，不若小人之自新”。但是君子为何会改节呢？人都有善念，君子小人皆然，小人之为恶，或许环境使然，使心已不正；君子之为恶，却都是知错犯错，关键是贪欲使然，好胜使然，骄傲使然，要得过多，就放肆为恶了。人生的境界，上上下下，没有绝对的君子，也没有绝对的小人。保住既有的，补足没有的，一步步小心呵护，保住善念善行，才是永远的向上向善之道。

22. 不当之福誉导致厄运当头

宁有求全之毁，不可有过情之誉；
宁有无妄之灾，不可有非分之福。

这是一个儒家的承担精神和庄子的飘逸精神两相结合的思路。

“求全之毁”，儒家要承担天下事，却恐有对他人求全责备的缺点。因为求全责备，故而遭受毁谤；因为希望把事情做得更好，所以求全。但是别人只希望把事情办完就好，办完事拿钱走人；儒家的君子却是理想主义者，好还要更好，没有止境的一天。这样做事，就会很惹人厌，宜戒除之。事情办好了就好，若要更好，需重新来过，另起机缘，这样帮你做事的人都会因受不了而想离开，你就会落得像酷吏一样的形象了。但毕竟，你心中想的还是公事，不是私利，若是私利，情况会更糟，等于是假公济私又不顾部属的福利，这样的主事者必将崩盘。

"过情之誉"，誉是好事受到的表扬，人们多好誉恶毁。然而，过情之誉千万要不得。有人实至名归，而你则是过情之誉，这岂不斯文扫地。但有些人就是看不开，老想着要荣誉，于是一些虚假的头衔加在身上，又喜欢参加一些凑热闹的场合，整天活在云端里，享受飘飘然的滋味，但都没有实质的事情能做到，这等于是在消耗自己的福报。你一直没有贡献，就不要享受接待，没有贡献而被人家接待，久了人家的礼貌就会消失，这样岂不难堪。有时候不是你要求的，而是人家硬给的，但你既无福德，人家硬给就是有目的的，这就更不宜享受了。

"无妄之灾"非关己事，只是要承受痛苦，那就承受吧，不必心理上过不去，至少不是人家有意为难，事情过去就没事了。但是，"非分之福"就不好了，这是一定要付出代价的，因为贪念所起，如果是别人的诱饵，那就正中下怀，将来必须偿还的。无妄之灾，人多怨怼；非分之福，人多贪享。其实，无妄之灾是一时的，是别人的业力而已，自己没事的，所以才叫无妄，帮忙担一下没事的。非分就不好了，既然不应该属于自己的好处，得了就是过度了，过度的事情没有将来不受报应的，麻烦随后而来，处理不好，就会变成灾难。

第五讲

洞察世事

知识分子入世服务时，既知道人心隐微之处以便善待众人，又知道人性恶劣之处以避免受害，如此则对世间之事有了更为深入的认识，了解世间事物变化的固定法则，了解各种事情的发展定律，也就是以一颗冷静而善于观察的心，看透各种事件未来的演变。《菜根谭》就是洞察世事的智慧宝典，“洞察世事”这一讲就是穿透现在与未来，对于人们的行为，事先了解它的发展变化，从而掌握先机。

1. 盛满与零落

衰飒的景象，就在盛满中；
发生的机缄，即在零落内。
故君子居安宜操一心以虑患，处变当坚百忍以图成。

人在世间做事成长，随着事业艰难的突破，掌握了更多的资源，就会充满信心与斗志，会一步一步成长。但人的心力是有限的，一旦超过了自己智慧的天花板，人就要停止，甚至下滑了。下滑之时，就会有衰飒的景象，所以说“衰飒的景象，就在盛满中”。什么是衰飒的景象呢？人太骄傲导致旁人侧目，就扣分了；人太自满导致忠言听不进去，就扣分了；社团公司国家成功了就松散了，这就又要扣分了。以上都是走到盛满之时就衰飒了的景象。可以避免吗？当然可以，谦虚一点，诚恳一点，少贪一点，就可以避免衰飒，避免衰飒就是避免盛满，避免盛满就要不断地给自己上新的功课。要继续找新的目标、高的目标、难的目标去做，这样人就不会自满，团体就不会松懈。所以，永远保持在追求的状态中，人就不会懈怠，关键是，人要有理想，理想要为大众、为社会，一旦永远有可为之事，人就不会盛满，就不会衰飒了。

人要争气，但也有不如意的时候，有失败的时候。但是，只要有一口气在，有一个理想在，有一股斗志在，静下来想一想，找个出路，就又会有新的事业可做了，所以说“发生的机缄，即在零落内”。不怕无立锥之地，只怕无求胜的斗志。

所以，拥有的时候要小心不要过溢，匮乏的时候要坚定不必退缩，过溢会有灾难，退缩则一无所有。“故君子居安宜操一心以虑患，处变当坚百忍以图成”。人都是在上上下下进进退退中来去此生的，坚守理想，头脑清醒，不让成功冲昏头，也不让失败丧了志。

2. 转祸为福

毁人者不美，而受人毁者遭一番讪谤便加一番修省，可以释回而增美；

欺人者非福，而受人欺者遇一番横逆便长一番器宇，可以转祸而为福。

人在社会做事，做得好了，会引人忌妒，如果不懂防范，就引人记恨了，更会招致毁谤，就是要打击你了。这时候，就是练武功的时候，别人讪谤我固然不对，但这是人之常情、社会百态。关键是自己的心法还浅。理想高一些，自我要求多一些，想改变别人是改变不了的，但自己是可以更精进的。了解别人不满之处，更加谦虚、更加诚恳，就没有化解不了的事，这以后做事，就更加练达，更加圆融，既把事情做好，又把人情顾好，这就是“毁人者不美，而受人毁者遭一番讪谤便加一番修省，可以释回而增美”，“释回增美”就是自己做事做人的能力更加优化了。

社会人心险恶，坏人不少，就是要欺负别人强取豪夺。但是，只有弱势者才会被欺负，坏人是不敢欺负强者的。所以被欺负时，要想想恶人为何胆敢欺负你。如果你比他强，他就是忌妒你而欺你，你不必去跟他计较，他并不能真的伤害到你。如果你比他弱，他就真的是恶棍要欺善的。只要欺不死欺不倒，人一定要自己站起来，当时可以不正面对抗，因为抵抗不了。但是一定要加强实力，做事的能力，人脉的累积，资源的扩充，见识的增长，只要自己自立自强，总有超过对方的时候，到时候对方还来欺你，只是自不量力，只是自曝其短，自出其丑了。自己不受伤就好，也不必去对付他，因为你的人生不是为了恶棍而活的，他自然渐渐见不到你也伤不到你了。所以说“欺人者非福，而受人欺者遇一番横逆便长一番器宇，可以转祸而为福”。转祸为福当然是你的能力资源地位因为他的刺激而提高了。

3. 祸福的机关

天欲祸人，必先以微福骄之，所以福来不必喜，要看他会受；

天欲福人，必先以微祸儆之，所以祸来不必忧，要看他会救。

人的欲望放纵之后，福气就变薄了。但是自己不知，还在痴迷，而且漏洞愈来愈大，胆子也愈来愈大，既然胆大，不好的事情敢做了，不该拿的拿了，看上去风风光光的，格局就变了。其实这是天在以微福骄之，所以不应得的福气不要得，自己提醒自己，要受得住诱惑，肯急流勇退，而不是去接受它，自己在欲望恶事上停住了，接下来的种种恶缘就不会发生，天就祸不了你了。

人的命运随时在转变中，然而转变必有其理。好运来到之前必有辛苦的付出，付出未必得报，但必定已经累积了看不见的福报。福报要呈现之前，就是命运要转变之前，此时必有一些事情超过了既有的格局，这是天欲以微祸儆之之象，其实就是一些调整，只是自己不适应，以为是微祸，要看你会救。“救”就是心存善念积极助人，乐观进取接受挑战，眼前的一个小关过了之后，后面连带而来的机缘就冲开了，你的福报就来了。

“微福”就是还在飘飘然地享受着，继续享受灾难就来了。“微祸”是再受一点辛苦的遭遇，跨过去福报就来了。

4. 冷眼于权势

权贵龙骧，英雄虎战，以冷眼视之，如蝇聚膻，如蚁竞血；是非蜂起，得失猬兴，以冷情当之，如冶化金，如汤消雪。

人都有好胜心，好表现，好强，想加入社会高层，想跻身权力核心。然而，社会阶层越高，掌握资源越多，争抢的残念就越不可想象。一个有实力有能力又好胜想表现的人，看到了社会高层为了个人权势争斗，而不是展现能力为民服务，这时候，必须要冷静下来，不要加入，不用选边，不要冲出去表现，因为这个舞台不是为真正的英雄布置的，而是帮派的争斗，为得利益，不择手段，动作不雅，有失风范，没有价值，所以说“权贵龙骧，英雄虎战，以冷眼视之”。因为这个斗争只是“如蝇聚膻，如蚁竞血”，这是一群没有理想只有私利欲望的人在争逐社会资源而已。

此中的是非对错高下好坏，都不值一看，“是非蜂起，得失猬兴，以冷情当之，如冶化金，如汤消雪”。一场争斗完了，充满了仇恨纷争，只会累积更多的恶念，终至群体整个消亡而已，没有意义的。有理想的人不在这里争锋，不加入这些争斗之中。宁可保存元气，做有益的事情，自己单干，集结志士，为社会打底，为百姓服务，不必期盼高位，不用艳羡巨资，不必窥伺求机，只安心做自己可以做以及应该做的事情就好了，平静的心情、平常的事业就是真英雄的大舞台。

不要想一蹴可几，不用图一步登天，做自己能力所及的实事实务，就是这个有理想的人真正的归途。

5. 富贵焚人

生长富贵丛中的，嗜欲如猛火，权势似烈焰。
若不带些清冷气味，其火焰不至焚人，必将自焚。

在追求富贵的过程中，常常因为利益太大，欲望因此更大，欲望是无止境的，像猛火烈焰，自己若是身处其中，必须要及时冷静下来，否则与人相争，会伤到自己，更会伤到别人。人在第二爻的时候，可以获得一辈子温饱的金钱，人在第四爻的时候，规规矩矩就可以获得三辈子连子孙都花不完的钱，但人如果不规矩，便可能获得成百上千辈子温饱无虞的金钱，哪天地球都毁灭了，他的财富都还没用完。他之所以有那么多钱，是因为他在抢钱的时候手段极其残忍，所谓不择手段就是这样。人有幸身处富贵丛中，要思进退，要懂得守，守德守财，富贵已有，不用再争，因此此时的进退，要带些清冷的气味，否则或者自己出手太狠，火焰焚人，或者自己失去冷静，做法激烈，遭人报复，反而把自己害了，这都是因为欲望太大。

6. 位高者要谨慎

士君子处权门要路，操履要严明，心气要和易。毋少随而近腥膻之党，亦毋过激而忘蜂虿之毒。

人在高层，处身不易，尤其是正人君子。高层中人都是权势鼎盛，并且欲望强大，各种利益纠缠牵葛，做起维护私利的事情来不择手段，与正常人相处，对人防之又防。这时候，一个正人君子，虽然只是在做公家的事情，一旦你表现得太激烈，抢了他的权力和利益，他就会伤你很深。怎么办？因为你是正人君子，首先自己操守要严明，否则落人口实之后会受人摆布，但是，操守是要求自己的，不要用来要求别人，与人相处，事随人意。如果因为自己欲望太多，也想要分享他们的利益，于是你就“近腥膻之党”，但是利益能否分到不一定，所以千万不要近身争夺。若是你看不惯他们，想要采取激烈手段对付，一旦被知道，当他们要伤你的时候，手段凶狠，这就是“蜂虿之毒”，你就会被伤得很惨。

所以，自己操守严明，对社会许多巨大利益争斗的人事物，首先避免接触，不得已接触时，绝对不要逞强冲撞。那么社会的正义谁来维护？这是大领导的事，如果他不负责任，任由争斗呢？那你也无力扭转，只能感叹家国不幸，除非你自己是高层之一，除非你生在古代帝王之家，责无旁贷。如果你只是一介书生知识分子，你搞不定的。孔子去鲁，孟子去齐，所以你也可以看开一点，自己办个事业，做自己的事业的最高领袖，公正严明，奖励人才，兴办事业，让正义留在民间，你就是延续了民族生机的英雄。

7. 日子要看得远

处富贵之地，要知贫贱的痛痒；
当少壮之时，须念衰老的辛酸。

人要看得远，世事多变化。春秋鼎盛，可以谋大权势，一旦衰老，不能不退位让贤。彼时的生活还靠盛时来积福，岂可不在富贵之时多多积累，若是过度消耗，到时候一无所有，那要怪谁不来救济呢？多少富贵之家最后一贫如洗，就是消耗过度、奢靡过重，自己的积累不足以承担，最后反成贫贱。其实只要不过度，进多出少，没有不能长保富贵的，关键就是享乐得过度了。

少壮之时，身体健康，也必须慎惜体力，要有正常的作息，也要有适当的饮食。老年之后的身体是靠年轻时几十年的生活累积起来的，你累积了一副健壮的身体，七老八十以后还是身体强壮，走路靠自己，起居靠自己，当上帝觉得你的日子过够了的时候，也会让你在最自然舒适而没有病痛的情况下逝去，多么自在。反观有一些生病的老人，因为长年的饮食与作息的毛病，自己把身体搞坏了，多少年卧病在床或依靠轮椅行动，生活小事都不方便，心里多苦！这一切很简单，就是是否自己注意健康而已，什么时候要注意呢？每天的生活中要注意。然而，人若欲望过多，与人争斗，顾得了利益顾不了身体，只会自作自受。

这世界，一切都是公平的。身体健康、人际关系、财富权势、荣誉地位，一切的一切，都要平衡。勤劳，稳扎稳打，平衡，就能永保长久的财富与健康。

8. 君子明珠小人毒螫，人多不识

君子严如介石而畏其难亲，鲜不以明珠为怪物而起按剑之心；

小人滑如脂膏而喜其易合，鲜不以毒螫为甘饴而纵染指之欲。

这两句话就是在说人们识人不明的缺点。

对于真正的君子，因其严如介石，不易亲近，自己就以为这个人的个性不好，可能心理有毛病，要小心应付，说不定他会伤害自己，所以跟这种人相处要小心防范，必要时先下手为强。这就是“君子严如介石而畏其难亲，鲜不以明珠为怪物而起按剑之心”。为什么会这样呢？关键还是自己的格局。自己好逸恶劳，贪小便宜，忌妒猥亵，看到正人君子，自然望之俨然，不怒而惧，因着自己的恶念恶行，想到一定会被严责，就把对方当作怪物，以为对方必定会找自己的麻烦，于是自己先找对方的麻烦，“起按剑之心”。实际上，君子只是要端正众人的言行，而不是要伤害众人，小人自惭形秽，反守为攻，这才以君子为敌，反而堕落更甚。

“小人滑如脂膏而喜其易合，鲜不以毒螫为甘饴而纵染指之欲”：和小人相处，一定是一开始觉得很舒服，所谓“君子之交淡若水，小人之交甘若醴”。小人的目的就是结交权贵，逢迎巴结，在新朋友接触的时候先拉拢，再诱之以利益，然后结成群党，如果你喜欢这种滋味，就有利益可得。但这种利益必定损人利己，必定绑架公家资源，甚至伤天害理，触犯法律，所以是“毒螫”，一旦自己也是小人，也是嗜欲之徒，只要看到利益，就会蚁聚蜂沾，以为甘饴，而自投罗网了。殊不知，以为是好处多多的朋友，竟然是引诱犯罪、让你进入牢笼的小人。

这就告诉我们，识人要明，把朋友的质量看清楚，不要受自己的习气个性的毛病而影响了识人的结果；人要向上向善学习，不要逃避尊者长者；要乐于亲近君子，从而严正自己的言行，不要喜亲小人，从而一起堕落。

9. 看他人成败要多一心眼

事穷势蹙之人，当原其初心；
功成行满之士，要观其末路。

事情做不好是一回事，并不足以论断人事，要想想看他当时做事情的初心，若初心是好，过程失败了，就不要一味地指责，对方已经一无所有，要给人留余地。做事要成功本就不是容易的，不要简单以成败论英雄。

一个人做事成功了，得到许多荣誉，获得了无数的赞美，但这也不等于这个人就不会有问题。要看他在成功之后的处世，如何待人，如何运用所得的资源，是一如初衷，还是就懈怠无礼傲慢了。《人物志》说道："或志趣变易，随物而化；或未至而悬欲，或已至而易顾；或穷约而力行，或得志而从欲。"这就是在说人在成功之后会改变态度的道理。

以上两句，都是告诫看人不要只看一时。一时的成功，之后未必守得住；一时的失败，未必就不能东山再起。人看人，保持一个距离，要看长久。

10. 待小人与君子

休与小人仇雠，小人自有对头；
休向君子谄媚，君子原无私惠。

人在外做事，总是会碰到小人，小人就是损人利己者，碰到了怎么办？若是找他麻烦，自己之后的生活就都搭进去了，因为小人会跟你纠缠至死的。然而，要想想，你不是为了与小人斗争而来走人生这一遭的，因此千万不要把你星期一到星期五，从早上八点到下午六点的工作时间用在与小人斗争上，这真是既浪费时间，又浪费生命，这叫作损人不利己，就是你在做一件不重要又不紧急的事情。人生当中，不应该把精力耗费在不重要又不紧急的事情上，而没有智慧的人整天都在做的就是这种不重要又不紧急的事情，与小人的纠缠就是这种事情。正确的做法是把每天有用的时间拿来做重要但是不紧急的事情，这件事很重要，但不是今天要交差的事，也不是明天，可能是下周甚至下个月会发生的，但是你却在今天就非常认真地来做这件事。而且因为你是从容的，所以你不会紧张，不会犯错误，事情早早被你完成了，准备妥当了，当事情来临的时候，你就能举重若轻地做完它。同时，你的人生也跟着改变了，因为你都在做重要的事情、有用的事情，所以你没有时间嚼舌根，因此也就不会得罪别人，更不会惹来小人与你“仇雠”，你的人生不是为了小人而活，而是为了自己的成长与社会的服务而活。因为你有修养，而小人没有修养，你不必与他共伴此生，不用反击，小人有一天会踢到铁板，会碰到大麻烦，那就是他倒霉的时候到了。

人在职场做事，要靠自己的努力与实力做事，想要获得什么，就努力去做，而不要用谄媚、讨好、贿赂的方式去获取。如果这种办法行得通，对方也必然不是什么正人君子，结果以后要付出更大的代价。谄媚的办法一旦行不通，那表示对方是正直之人，我们自己反而是小人了，因此，“休向君子谄媚，君子原无私惠”。好的领导难求，应该跟他好好合作，把公事做好，因为我们是来服务的，不是来偷懒的，把公事做完就是我们人生的意义所在，不要推诿，不要逃避，不要认为每个领导都可以靠卖乖、讨好、取悦而得到好处。君子是没有私惠的，君子要的是公家的利益，公家的事情才是最重要的，也是我们自己的人生要捍卫的。

11. 无福不消受

非分之福，无故之获，非造物之钓饵，即人世之机阱，此处着眼不高，鲜不堕彼术中矣。

有能力的人或没有能力的人，都有机会在人世的舞台上扮演一些角色，只是，自己是主角、配角，还是跑龙套而已。其实，无论什么角色，只要自己清楚自己的角色就好，就怕这角色不仅不清楚，还是别人安排的，甚至是被设计陷害的。

当主角就是能力俱足，场合依己意设置，剧本掌握在自己的手上，指挥场景以及众人完成一出人生大戏。例如，开公司，办活动，创作文案、艺术品等。当配角，能力俱足，场合别人布置好了，剧本与大家共享，配合场景以及众人共同完成一桩事业。例如，参与活动，认真欣赏文学、艺术作品等。跑龙套，眼前这件事情自己没有足够的能力承担，随便进入一个场合，担任一个有你不多、没你不少的角色，出入之间与事件没有什么关系。例如，找了某家餐厅进去用餐，在别人安排的活动中去参观一下，随便浏览一下书店的产品等。但是，人生就是有自己的主场，也有别人的主场，还有更多随便晃过去的场景，都是人们会涉足其中的，甚至跑龙套的机会多于当配角的机会，当配角的机会多于当主角的机会。人做主角的时候是不多的，人生也不过几件事情是主角。家庭中的角色，职场上的业务，怡情养性的活动，更多的时候，我们就是参与在人世的洪流中，做好自己的主角，需要时当人家的配角，没事时跑跑龙套。人生，就在这种状态中起伏跌宕，倒也安稳一生。

然而，人多贪欲，总想当主角，甚至要满足欲望，一旦本事不够时，就有非分之想。然而，当配角时还有别人主动买单，跑龙套时根本没有责任，当主角时就没有可以逃得过的任务了，既然能力不够，事办不好，就会自己垮台。清醒的人就不做这件事。但为何人们还是常常要做自己力所不及的事情，并且兴奋地享受着做事时的快感荣誉利益风光呢？因为利益太大，欲望过多，非做不可，于是，就可能落入了别人的陷阱。也就是说，你以为是主角的事情，其实是人家的剧本，你既不是主角，也不是配角，也不是龙套，而是玩偶。所以说“非分之福，无故之获，非造物之钓饵，即人世之机阱”。人家布置的场合让你进来，人家的剧本让你来饰演主角，而这整出戏，究竟要达到什么目的？你其实毫无所知。但你既享尽了主角的荣誉利益风光，你怎么可能不付出代价呢？所以说“此处着眼不高，鲜不堕彼术中矣”。

未经努力人家给你一个老总的角色，不必付出人家请你做主管，不需要付费就可以获得豪华的享受，主角是当得爽快极了，但为何会有这等好事呢？当然是人家有用到你的地方了。社会上这样的事件很多，社会有恶徒是常见的，恶徒设计陷害别人也是常见的，无知的人被陷害也是常见的，我们遏制不了源头，但至少可以告诉受害者，人生要靠自己的能力去过，拿了不该你拿的利益是要付出惨痛代价的，所以着眼要高，免遭人算。

12. 莫管他人

不虞之誉不必喜，求全之毁何须辞。
自反有愧，无怨于他人；
自反无愆，更何嫌众口。

人生要有定力，要活在自己的定位中，不要活在别人的视野里。在复杂的职场中，你的表现和人家的评价不会总是一致的，关键是有和你竞争的人，有要打击你的人，有要和你合作的人，也有想要利用你的人，当然，也会有真心诚意帮助你、爱护你的人。只有真诚待你的人才会对你说实话，要利用你的人会吹捧你，要和你竞争、要打击你的人会责备你，所以说“不虞之誉不必喜，求全之毁何须辞”。没有做什么好事却意外地获得赞誉，此时不必太高兴，因为只是人家要利用你。明明事情办成功了别人却拿超高的标准来否定你的成功，此时也不用去计较，因为人家就是见不得你好。问题都不在于你的表现，而是在于别人的心态。人活着，是活在自己的计划中，活在自己的目标中，所以说“自反有愧，无怨于他人；自反无愆，更何嫌众口”。自己不对，甘愿承受别人的指责；自己有理，不用在意别人的否定。

一般的人，该管的不管，不该管的却拼命管，不是在管自己在做什么，想做什么，而是在管别人对自己的看法是什么。一个人自己没有主见，就没有生活的定力。这时候，他反而是非常在意别人对自己的评价，为了别人的眼光，极尽扭曲自己的能事。关键就是，自己没有真理想、大本事，有的只是一些讨生活的小伎俩，所以就必须在意别人的眼光，以免丢了饭碗。然而，一个有理想的人，肯定是会认真追求自己的理想，因此就会用力于增长自己的能力，然后就能够准确无误地掌握自己的生存资源，接下来就是顺心如意地生活了，此时，别人的任何评价就都不那么会干扰他了。关键就是，有没有自己的理想、能力、定力。没有这些，就只能活在别人的视线里，于是别人的吹捧毁谤就把你搞得东倒西歪了。

13. 机关算尽没有用

贞士无心邀福，天即就无心处牖其衷；
险人着意避祸，天即就着意中夺其魄。
可见天之机权最神，人之智巧何益。

这一条几乎就是在讲善有善报、恶有恶报的话了。好人做好事，只是他应该做的，他没有想着什么多余的利益好处，但结果，就在他不注意的时刻，他得到了一些意外的好处。恶人做恶事，并且小心避免灾祸，但是，再怎么小心，还是会在无意间出现纰漏，结果遭到报应。所以说"贞士无心邀福，天即就无心处牖其衷；险人着意避祸，天即就着意中夺其魄"。有天没天？其实你把它想成世间世事的道理就好。那个冥冥中在主宰的力量，并不是什么天、什么神，而是人世间的正常道理：你多做好事，人家自然感谢你，有机会就报答你；你多做坏事，人家自然讨厌你，有机会就伤害你，这些都不是你预料得到的，所以说"可见天之机权最神，人之智巧何益"。其实不是天，而是人间正常的道理，你不明白道理，所以跟你讲是天，你愿意相信最好，不相信的话，但凭自己的机诈而想永保平安是不可能的。

14. 勿恃智巧

鱼网之设，鸿则罹其中；螳螂之贪，雀又乘其后。机里藏机，变外生变，智巧何足恃哉。

做事，就是实事实做，然后实得实拿。但是，有时候人们想投机取巧，想事半功倍，想一步登天，就会要小聪明。问题是，什么事情都是一步一步水到渠成，若是贪功求利，以为可以获得暴利，以为可以巧取豪夺，其结果未必如意。所以说“鱼网之设，鸿则罹其中；螳螂之贪，雀又乘其后”。这就是说，你以渔网网鱼，竟然网到了天上飞的鸿雁，为何如此，谁也不知，只能说这世界下棋的人太多，别人的棋下到了你的棋盘里。关键就是，你布了一个不正常的棋盘，放在了不正常的地方，其他不正常的人就见猎心喜，扰乱了你，而一般正常的人，你反而猎不到他。或者，你在准备夺取别人的资产，只知顾前，不知顾后，不知何处来的下棋者，从你背后又抢走了你的猎物，甚至是你自己本来的资产，这些都是你想不到的。

问题就是，你猎人，则利益曝光，天下人都是猎人，就又来抢你的猎物了。如果你不设局猎物，外人就没有搅和的对象，你一旦设局，自然就有更乖戾的人会发现，就来顺手抢夺，资源被抢是一回事，伤身害己是更难堪的结局。所以说“机里藏机，变外生变，智巧何足恃哉”，关键就是天下太大，人心太贪，坏人太多，不止你一个，那么，何须干这些投机倒把的事情呢？

人做事，实事实做，实得实拿，机巧诈取之行为，只会引来更为贪鄙的人的贼心恶念，一旦出手伤你，只能怪自己为自己布下天罗地网了。

所以，布局害人的人要小心，不是要更小心布局，而是会有意想不到的灾难，所以要小心就不要布局，不布局害人自己就不会被害。

15. 人我与是非

反观自己难全是；细论人家未尽非。

在生活的世界里，人都好已扬名，喜论人非，此是人之常情，但这是一个极为不好的行为。因为，将心比心，既然谁都这样，那谁该占下风呢？既然没有人愿意占下风，那么争上夺位的事情就没完没了。一旦陷入大家高下好恶的心态中时，人际关系就都虚伪了、淡薄了。

而究其实，当自己在细数得意之事的时候，难道没有疏漏之处？难道没有惊险之局？难道都是己是人非、一帆风顺？当然不是，所以在高谈阔论扬己损人之时，其实都是得罪人、犯错误、害自己的时候。

就算没有害人之心，只是想要标榜自己，贬抑别人，这样也是错误的。因为，自己未必全对，别人未必尽非。所以说“反观自己难全是；细论人家未尽非”，那么这种行为还有必要吗？目的是什么？还是好胜心使然。人要实在，不要好胜，时时检讨自己的行为，好还要更好，因为里面有一些不好的。常常宽容别人的行为，未必只有坏处，因为里面有一些好的。这样看人论事，心平气和，不得罪人，脚踏实地，人人信赖。关键就是，人要诚实地了解自己，真诚地对待别人，那么心思念虑之中就没有不是的了。

16. 喜忌与毁誉

曲意而使人喜，不若直节而使人忌；
无善而致人誉，不如无恶而致人毁。

平常应该如何与人相处呢？被人忌惮好不好？被人毁谤好不好？这就涉及自己的胸襟了。做自己，人要“直躬”，做该做的事情；对别人，“待小人，不难于严”，不能做的事情绝对不能让他做，因为这样会伤害社会，结果小人会忌惮你，但这是你为人应该承担的。但是“曲意而使人喜”，讨好别人，取悦别人，用不正当的方式在台面下做利益的输送和交换，这就不是为公了，这是为私。为私不可，必须为公，然而，“不若直节而使人忌”，所以有时候我们宁可惹祸上身，而不要总是让自己无灾无难。因此，为了正义而承担，以致遭受小人的忌惮，这是君子宁可承担的事情。

在《人物志》中有一种人叫作“智意之人”，他们非常清楚领导的利害关系，所以非常会做维护人际关系的工作，只要是关于领导利益的事情，他们都奋勇杀敌，努力去做，但是这样就是不顾道德仁义、是非对错，努力维系领导之间的利益，这叫作“智意”，也就是“曲意而使人喜”，但是这个机关被你腐败了，这个事业被你扭曲了，你就走错了方向，“不若直节而使人忌”。

“无善而致人誉，不如无恶而致人毁”。你没有跟着做不好的事情，人家却忌惮你，这是因为你挡了人家的财路，结果人家毁谤你，没关系，我承担。所以人们有时候要愿意惹祸上身，只是不要扩大这个祸害就好。这就是“不如无恶而致人毁”，而不是接受“无善而致人誉”，什么意思呢？你只要做了主管，有专管的事情，绝对会有好处过来，这种事情，如果你拿了，这就是虚的东西，不要这种东西，不要这种虚荣、虚名、私利。你只管做自己该做的事情，做你能做的事情，就算挡了人家的财路，坏了小人的私心，他来毁谤你，没关系，你该承担，因为这样子社会会进步，社会会理性，社会才会有公是公非。

名誉人人都爱，但不可以权势换来，因为那是虚的。

刻意奉承别人，卑颜屈膝，结果自己的格局不见了。中流砥柱，严防小人，坚持是非，这样自己的人格就出现了。前者使人喜，后者使人厌，但使人喜不如使人厌。无善而受誉者多虚骄，后面是私利交换。无恶而遭毁者多凶险，里面是忌才妒士。但人应宁受毁而不受誉。

以上两条，关键都是做人的胸怀。要做个真人，不要做假人。为做真人而承担，无怨无悔。若要做假人，巧言令色鲜矣仁，要做真人，刚毅木讷近仁。真人多遭忌，但求心安理得，小人多虚荣，只求自己利益。假人做多了，是非也分不清了，做事的实力也败坏了，只能是社会的蠹虫。假人整天笑嘻嘻，却是内心黑暗愤怒不满。真人平常心，却是内心光明身心安适。

17. 不矜持而能悔

盖世的功劳，当不得一“矜”字；
弥天的罪过，当不得一“悔”字。

人都是被供养而长大成人的，社会都是大家奉献而形成安和的，要是人都不做事、不给予，那么这必定是一个落后、无礼而且匮乏的世界。所以，有见识的人，为社会奉献是自己的本分，谈不上什么功劳。有功劳是事实，但那是自己的修为，不是自己的武器，把功劳当条件，要人感激，要人低头，这就变成是在做买卖。人家当然也会卖你人情，但是人家心中对你的感激已经被你消耗光了，你的骄矜正好把你的功劳出卖了，没了。不要骄矜凌人，人家心中的你的形象才会巨大，而不是自己觉得很巨大，其实人家都看你很小器。所以说“盖世的功劳，当不得一‘矜’字”。

人都是靠学习而成长的，成长就是要做个对社会有用的人。做事的时候难免犯错，有因为知识不对而犯错，有因为信息不对而犯错，更有因为态度不对而犯错，犯错就是再学习的起点，只要肯再学习、愿意改过就好，改过了就又是有用的人了。人就怕不认错。你不认错，事情就不能有进展，拖累了大家的进度，阻碍了社会的发展，增加了别人的负担，大家杵在那里，谁也动弹不得。除非别人狠了心，撕破脸，让你难堪，你受不住伤害，只好承认错误，否则你是不会认错的。这样的人，不是很慢吗？进步很慢，领悟很慢，行动很慢，这么慢的人，怎么跟得上时代呢？

认错是因为心中有爱，有对社会的爱，不忍社会因为自己而变慢。认错是因为有勇气，有承担责任的勇气，承担了，社会进展就变快了。所以说“弥天的罪过，当不得一‘悔’字”。

18. 标榜反而害事

标节义者，必以节义受谤；

榜道学者，常因道学招尤。

故君子不近恶事，亦不立善名，只浑然和气，才是居身之珍。

为什么“标节义者，必以节义受谤；榜道学者，常因道学招尤”？这是因为，这个标榜的动作有好胜的意味在，有强压于人的心态在，因此之故，就会遭人厌恶，造成反弹，反而为自己惹来麻烦。所以智者不为。

事实上，做人要做个正人君子，正人君子不过就是“不近恶事”的人，不近恶事是让我们守正不阿，而不是让我们标榜自己。可惜，人们做事，少有不标榜自己的。开始时以正人君子为典范，效学之后，又要标榜了。但是，就这么一标榜，就会引来麻烦，关键就是，别人见不得你好，但其实是你自己要炫耀自己好，也就是做君子的心法不纯正了。事实上人人都是这样的心态，所以你要炫耀，别人也要炫耀，一旦你炫耀了，别人就忌妒你了，于是味道就变了，麻烦就来了。所以，做人要做君子，这是自己的本分，但只是要你“不近恶事”就好，千万不要又去“立善名”，君子“不立善名”，而只做善事。“不近恶事”，这就无人忌妒，无人来害你，“只浑然和气，才是居身之珍”。

人们为什么为节义、为道学的时候会想要去标榜自己呢？这就是节义、道学之心不纯所致，是为了守护自己的利益的利害之心，而非真正的节义、道学之心，所以要强出头，比人强，一旦人家察觉到你的好强好胜的是非之心，自然也要来与你争强斗胜，自然要贬抑你的节义、道学之行，结果因为你的标榜，反而就连节义、道学都为人讪笑了。

真君子，做就好了，不标榜自己。

第六讲

品味境界

“洞察世事”谈的是事情的变化，而“品味境界”谈的是对人物的评价。《菜根谭》既谈个人励志，也谈善恶之辨，也谈人情世故，也谈变化规律，既然看透了人世间的一切，对任何事情就了然于胸，对于人的状态，就深入内外了。“品味境界”这一讲，是在一个更为平和的心态下，观察别人的行为，而自已心中雪亮，既能了解他人，又能领导统御众人。有了这一层的认识，人们便可以为社会创造资源，从而建设理想的社会了。

1. 如何了心，何时出世

完得心上之本来，方可言了心；
尽得世间之常道，才堪论出世。

人间世事，需要人们的投入，但有时太辛苦了，总想赶紧尽完了责任就好，了却许多心事，卸下心上的重担。有时候，人们看到脱离世事之后的轻松高雅，也会想早日出世，享受个人性情的遨游，追求世间未曾有的意境。出世不是死亡，而是不生活在世俗社会体制的结构中，独自一人遨游山林，徜徉在个人技艺、嗜好、宗教的情怀中。这样的“了心”与“出世”都是人之常情。但是，如何了心？何时出世？有责任要尽心，有角色要扮演，就不能说了就了、说出就出，必须要尽了心、负了责，才能了心、出世。

时常，人们因为累了或是不想负责了，就脱离了责任，卸下了角色，以为就这样一了百了，飘然而去，就是了心、就是出世，实则不然。这只是逃避，不只自己潜意识里还挂心着，世间还有许多人、事、物要找你落实，这样就没法了心与出世了。

实际上，该做的做，不去计较成果得失，不去争夺权力资源，时时在尽责，时时在落实，又不计较个人的利害得失，也不管他人的评价荣辱，这样的人，反而了心了、出世了。尽责、了心，不计得失，以出世的心做入世的事，这不就是了心了吗？不就是出世了吗？所以了心、出世不在是否无事，而在于是否不计较。

该做的做好了，就了心了，所谓“完得心上之本来，方可言了心”。该负的责任负了，创造的资源留给别人而不索求回报，这就出世了，所谓“尽得世间之常道，才堪论出世”。人，时时了心，日日出世，不过就是在一个不计较的心境中，就已经可以达到。

不想管了说“了心”，逃掉责任说“出世”，这是可笑、可惜又虚伪的。

2. 是实在的还是不实在的

得意处论地谈天，俱是水底捞月；
拂意时吞冰啮雪，才为火内栽莲。

人要做事，要有自己的实事实业，这样的人生才真实。在真实的生活中，做什么都理直气壮、稳稳当当，但有时候必须面对艰苦，不畏艰难，克服困难，才能享受真正的果实。通常，人们并未有真实的事业，却要享受谈论事业的风光，这就是“得意处论地谈天，俱是水底捞月”。水底捞月是捞不到东西的，却还是猖狂发言，这就是得意过头了。也许是过去曾经成功过，以为未来也会一往直前，没有阻拦，于是发言狂妄，指点江山，睥睨天下，不可一世。这就是说过头了。世事都不容易，情势不断变化，人心难测，没有不败的将军，所以讲话要有分寸。不要为了场面上的风光，一味逞强，这样只会带来厄运，事情没着落是小，为未来设下了障碍是大，甚至言语中得罪了人，当场结仇，就更不明智了。

人要成功，要有事业，就要在实地上开垦。困难挫折是必然，不畏艰难，忍受失败，持续不间断，“拂意时吞冰啮雪，才为火内栽莲”。这样努力之后的成功，肯定是最实在的、完全属于自己的，不会轻易为人所夺，不会风吹就倒，只会长长久久。

想要拥有的东西要用实力去拿，不要在口头上逞一时之快，宁可在困难中坚持拼搏，这才是实在的人。

3. 不居名不当语

士君子济人利物，宜居其实，不宜居其名，居其名则德损；

士大夫忧国忧民，当有其心，不当有其语，有其语则毁来。

士君子是来做事、为人民服务的人，是要实实在在把事情做好。事情如果没有落实，却一味接受别人的赞誉，就会引来不满之声。就算别人不批评，自己喜沾美名而无实事，这就是于德有损。关键就是，君子就是来做事的，不是来装样子享美名的，享美名者无德，做实事者才是真君子。可惜，人们常常要其名而不就其德。这就是“士君子济人利物，宜居其实，不宜居其名，居其名则德损”。

士大夫要关心天下事，也就是关心百姓的安危贫富，关心就要去做事，在关键处发言，在利害时出手，在需要时出面，总之，一马当先无落人后。这样的品格，肯定让人民爱戴感恩。可是，常常有人光说不练，一副关心天下是非正义的姿态，实际上却没有承担艰难的气概，漂亮话说一说，沽名钓誉一下。这样的人，是会让大家讨厌的。这就是“士大夫忧国忧民，当有其心，不当有其语，有其语则毁来”。

君子大夫都是有名有实的人才能担得，然而大多数人都想要得此美名而不能落实其德，想要被美名称颂，想要表现关心天下事的姿态，其结果，只享其利不受其责，岂能是真君子、士大夫？虚名享多了，虚事做多了，德行岂不亏损？

4. 如何入名流致圣境

做人无甚高远事业，摆脱得俗情便入名流；
为学无甚增益功分，灭除得物累便致圣境。

做人就是尽本分，什么事情觉得是自己该做的就去做，不为名声，不是表演，自然流露之真情而已。自己真情流露，开朗大方，在人群之中就会有光彩，人人喜欢亲近，事事跟你效学，有话想讲给你听，有事想让你知道，仿佛告诉了你，就是告诉了全世界，那样你就是人人心目中的名流。名流是大家喜爱你才叫名流，不是索隐行怪、特立独行、引人注目，那只是是非之人、不甘寂寞者，是好名者，而不是名流。有好名声的人才叫名流，不是老出风头的人就是名流。

俗务就是搅和是非，说人闲话，放着自己事情不做，光爱插队凑热闹，搞得任何场合都有你，但你都不是重要的人，你只是到处流窜，这并不是名流。所以，要摆脱俗务，要真心地做自己，才入名流。

“为学”就是学做人，学做人就是好好做事，做对自己、对社会有益的事，说对别人有用的话。有用就是有增益社会的效能，而不是贪欲甚重、增加大家的负担，做事得提防你的心眼，分配得多给你一些，讲话得小心不得罪你，你让大家很累，等于是制造麻烦的人。事事大家得关注你，其实是为了提防你，因为怕你，而不是因为你是圣人，是你自己高高在上而已，你为了私欲绑住自己，也累坏了大家。除掉这些物累，让别人轻松，让别人得利，人人感激你，也不必刻意谢你，你就入圣了。入圣不是自己端架子，而是人家自动靠近你，你是易于让人亲近的人，这就入圣了。因为你必定是乐于助人的人，而不是要挟人家感激你的人。

5. 轩冕山林不相离

居轩冕中，不可无山林趣味；处山林中，不可无廊庙经纶。

这一条是儒家与庄子的合体。做一个儒者，就是要出来为人民服务的，做官是必走之路。但是，官场常有黑暗，孔子不是讲了“邦无道”吗？邦无道，不必搅和。儒者不是嗜欲权力之徒，嗜欲权力之徒不是儒者，只是势利之人，这种道理对他讲了也没用，他也不会读《菜根谭》。会读《菜根谭》的，都是有儒者之心的人，一心只是想服务。但服务不是抢功劳，事情做了就好，做好了就放下，去郊外走走，找和尚谈谈佛经，找位高手下盘棋，就把郁闷之气消化了。不必生气，不必计较，功名利禄让一让，继续做我的清官就好。但下棋不是叫你一直下下去，成为职业高手，而是让你散散心而已，还是得看看新闻、上上网，心中有天下大势，这样回到职场中，才不会脱节。这就是“居轩冕中，不可无山林趣味”。

人要做官，但可以丢官。人可以不做官，但不能心中没有底。做官的时候，对于权势要看淡一点，这叫要有山林的趣味。做百姓的时候，可以只顾自己的生活就好，吃穿玩乐要什么想什么，都可以，这就是单纯百姓人家的生活。但知识分子不如此，他们心中有天下，时时想着可以为社会做的事情，天下大势有什么变化，见得思义，临危授命，这就是“处山林中，不可无廊庙经纶”。

人当然可以只做百姓，但百姓的生活要有国家的照顾，而知识分子就要时时刻刻想着政府该干些什么。从政了就自己做，不从政的话，就想着以人民的身份可以做点什么，这就是知识分子，是标准的儒者。

6. 三种富贵名誉

富贵名誉，
自道德来者，如山林中花，自是舒徐繁衍；
自功业来者，如盆槛中花，便有迁徙废兴；
若以权力得者，如瓶钵中花，其根不植，其萎可待矣。

富贵名誉人人喜欢，好人喜欢，坏人也喜欢，但得之宜有道。虽然道途甚多，却境界有别。所以本文就以“山林中花”“盆槛中花”“瓶钵中花”来比喻。“山林中花”自己会生长，表示自己有德，种在别人心田中，人家永远感念，时时记得。只要是在身边跟你相处的人，都是如沐春风，恩情不灭。不必特别的事功，也不是来自权势，就是人品芳香而已，人人自然夸誉赞美。“盆槛中花”依赖环境，环境会有变化，如政团有兴废，政策有变异，你的贡献是依据自己的职务措施便民而得，职责所在，不能不做，但做了仍是有功于人民，因此获得感念。然而一旦政策有变，自己也不能扭转，功业也就随之失效。至于“瓶钵中花”，本就无根，几天后就枯萎了，只是它一时美观，人人争睹，睹其权势之荣彩，这就是因权力而得来者，没有实功，只因高位在上，人人趋炎附势而已。众人若得到利益，可能转身就走；若得不到利益，可能就破口大骂；自己若失时离势，则众人一哄而散。但是，依权力而来的荣誉却也是最鲜明最快速可得，基本上一旦上居高位，种种美德之名必纷纷笼罩，实在是小人的嗜欲表现而已，送你一分会要你十分，自己切莫当真，更不要受用，否则一转身，难堪就来了。

富贵荣誉人人喜得，但要以自己的德行而得，否则得了又失，落差太大，虚假的荣誉不要得，以后要付出代价的。

7. 施恩利物不求回报

施恩者，内不见己，外不见人，即斗粟可当万金之惠；利物者，计己之施，责人之报，虽百镒难成一文之功。

“施恩”是帮助别人做事，解决人家的困难。人为什么要帮助别人？因为不忍心看别人受苦。为什么不忍心？因为心中有爱。例如，帮别人介绍工作、帮别人引荐贵人、帮别人排解纠纷、给别人重要信息等，一句话、一个动作也许单纯，也许复杂，也许轻松，也许困难，总之就是帮人家的忙，让受苦烦忧的人走出困境。别人舒坦了，自己也高兴。目的是什么？没有目的，不带功利心，只是单纯乐于助人。这样的做事风格，没有把自己的重要性凸显，没有把自己的功劳挂在嘴边，没有觉得自己厉害，没有觉得别人不如自己，就算只是一点点的帮助，因为没有要求回报之心，别人受得不必付出代价，这样的帮助，最有价值。这就是“施恩者，内不见己，外不见人，即斗粟可当万金之惠”。

“利物者”，以金钱、物资帮助别人。例如，借钱给朋友渡过难关，提供物资救济灾民，帮农家盖房子出劳力，提供免费午餐给贫民，捐钱给学校作奖学金，把衣服用具送给需要的人，提供居住的地方给一时受困的灾民，提供住处给没钱住旅店的人等。做这些事，提供了自己的有形资源，解决了别人的困难，让别人渡过难关，目的是什么？没有目的，就是见不得别人受苦，就是心有不忍而已。如果帮助了别人以后，骄矜盛气，对受助者不礼貌，四处宣扬自己的贡献，这样做的结果，别人难堪，心生怨恨，虽然确实帮了别人的忙，却让受助者一边受惠、一边受辱，那么你的给予就没有价值了。这就是，“利物者，计己之施，责人之报，虽百镒难成一文之功”。

“施恩”“利物”都应该是没有私利的目的，你做的任何事情，不论是为了自己还是为了别人，其实都是对着自己而做的，对着自己的人生目标、人生理想而做的，说到底，都是为了自己而做的。看清楚这一点，帮助别人的事情，就是帮助自己本身，很单纯，它自身意义非凡，也就价值斐然。一旦涉及私恩私利，就没有意义没有价值了。

8. 脱俗便奇，不污便清

能脱俗便是奇，作意尚奇者不为奇而为异；
不合污便是清，矫情求清者不为清而为激。

人都希望自己厉害，让人钦佩，但这要有真本事。有实力又不忮不求的人，行事自然潇洒，人人称奇，就是觉得他有味道，值得亲近，喜于探问，乐于求教，因为他不求人敬己，所以人家反而尊敬。如若不然，刻意要人家注意自己，做一些事情让人家关注，那就叫作标新立异，只为出风头，一点不出奇，因为太俗气，招惹来的只能是嗜欲之徒、酒肉朋友。没有价值，并不值得有品位的人尊敬，层次高的人自然不看你，疏远离开，只剩自己孤芳自赏，还端个架子，搞个排场，真是寂寞难耐。这就是“能脱俗便是奇，作意尚奇者不为奇而为异”。

人都想自己清高，受人景仰，但这要真有德行、真有品格的人才能达到。这种人，他自己约束自己，他不同流合污，但也不指责别人，自己端正，就是清高了。然而，有些人，自己清高尚不够，还要人家崇拜自己，标榜自己的德行，于是安静不了，找人麻烦，指责别人为恶，标榜与恶人划清界限，不把自己搞出名是不肯罢休的。这就不是真正清高，而是为了冲人气、出风头，其结果反而让恶人动怒，刺激恶人来整你，这样离灾难也不远了，这是不明智的，但也是自找的。这不是一个清高的人，只是一个好名的人，所以说“不合污便是清，矫情求清者不为清而为激”。

做自己该做的事，做好了，人就心平气和了，自然有味道了，人家敬你是发自内心。若是一味求奇标清，那就只是立异招激，别人看你风光，小人岂不来招惹你了。

9. 圆融之士与执拗之人

建功立业者，多虚圆之士；偾事失机者，必执拗之人。

人都是在社会上做事的，有人把事情做成功了，有人没做成功，“建功立业者”是把事情办成办好了的人，“偾事失机者”是事情没办成的人。事情办成意味着原来设定的目标达到了，上级交付的任务可以交差，自己要追求的理想实现，众人期待的成果出现，这就是建功立业。人为什么要建功立业呢？关键就是要让生活的这个世界变好，为了自己为了众人为了所爱的家人，就会希望社会变好，就要为社会做出符合公益的事业。人为什么能够建功立业呢？自然是天时、地利、人和皆备，主观、客观条件到位，但是这一条强调的是自己的心态，也就是涉及人和与主观的条件。人和，有能力的人帮你，有权力的人帮你，这还不够，还需要没有能力、没有权力的人不扯你后腿，倘若一件事情已经具备了各种天时、地利等客观的条件，却失于人和，有关键人物却不帮助你，或者有躲藏在隐微地方的人要搞破坏，那么，天时、地利等客观条件再怎么好，你还是要失败的。你要想不失败，关键就是把所有的人都搞定。有能无能的人都助你，有权无权的人都助你，君子小人都助你，好人坏人都助你，相干的不相干的人都助你，那么，配合所有客观有利条件，你的成功就是必然的。问题是，如何让所有的人都来助你呢？合法渠道取得权力，则有权力的人助你。自身条件优秀，则吸引有能力的人助你。

自己持身端正利益大众，则君子助你。自己用心良好，则团队中的好人助你。清清白白公公开开的，则相干的人都助你。再加上往日无冤、近日无仇，那就没有人不会助你，更没有人会破坏你了。

这一切的一切都需要人际关系的圆熟。能助你的让他助你，这需要你的实力，不能助你的不让他破坏你，这需要你的胸襟。“建功立业者，多虚圆之士；偾事失机者，必执拗之人”，讲的就是胸襟，而且是对待那些不能助你的人的胸襟，需要你对没有权力的人尊敬，他虽没有权力帮你，但有机会害你，你对他尊敬了，他不害你了。你对没有能力的人有善意，他虽没有能力助你，但还有能力敲敲边鼓说说好话，否则都在旁边说坏话了。你对小人不得罪，甚至施以小惠，他在人前是小人，在你面前可想当君子了，这样又来助你。有些事，君子怎么样也做不了，这时小人作为助缘的价值就出现。以上这些，都是让你的事业没有漏洞的关键做法。

让强者出头冲刺任务，当然要给他利益；让君子担负重任，当然要给他荣誉；让能人担纲大任，当然要给他权力；让小人高抬贵手，当然要给他好处。这其中许许多多的人际关系的关键要害重点，不是智慧圆融、心胸开阔的人是做不来的。若是智慧不足、计虑不全又个性固执自以为是的人的话，指不定在哪个环节就会犯错误而自找麻烦，也因此事情办不成。事情办不成意味着大家的期望落空，上级交代的任务无法交差，自己的理想不能实现，一段时间的努力白费，设定的目标不能完成。由此看来，事情办成办不成确实事关重大，它的重要性比起我们个人在人际关系、人情世故上的种种感受、五味杂陈还要复杂、还要重大，所以，自我的感受不重要，事情的完成才是重要的。事情完成的过程中，要能够对不圆满的事情有容忍之心，此时的容忍不等于认同，而是一种权变，因为利害关系有小有大，道德是非没有边界，做人要讲道德，但是做事要讲利害，而且是人在做事，所以人在眼前以做事能成功为考虑的关键。人一辈子以做人有道德为评价的标准，但眼前的事也必定是道德的事，事情的道德比个人的道德分量更重。因为有眼前迫切的利害问题，这个利害要考虑好，就需要圆融的胸襟、机敏的智慧。一味地考虑计虑，就会在一两件小事情上执拗，于是力量灌注不进来，破坏者却随之而至，这样，事情岂能大成？

这就是“建功立业者，多虚圆之士；偾事失机者，必执拗之人”。

虚圆之士不是一天两天能够养成的，必须长久以来不与人结冤仇，处世之际都懂得谦让有礼，对准目标绝不退后，没有个人的情绪好恶，只有事情成功为众人谋福利才是唯一做事的准则。这样的人，才能称为虚圆之士。至于执拗之人，并非恶人，更非没有道德之人，但就是在一些事情上他看不开，想不明，过不去，要执着，结果人家不让，事情就败了。所谓“成大事者不拘小节”，甚为有理，不仅不拘小节，还要雍容大度。

10. 有耐心勿迷恋

拖泥带水之累，病根在一“恋”字；
随方就圆之妙，便宜在一“耐”字。

人在社会上做事，有时候一件事做不完，拖了很久，而做事的人并不是不想做，但就是没完没了，原因是他在小事情上过于执着，非要达到什么水平不可，非要用到什么材料不可，非要使用什么颜色不可，非要具备多少斤两不可，非要多少人数参加不可，非要得到什么额外的好处不可。于是，他就忽略了事情完成的本身，一直在一些事情上计较、追究，这样一件可以完成的事情就被拖延下来了，遥遥无期。这时候，一个做事情的道理就出现了，做事情就要把事情完成，而事情的完成就在一个决断力上；不能决断，总以为还有需要加强的地方，这件事情就不能结案，也就没有完成。在一些事情上自我纠缠，这就是“恋”，迷恋自己的标准，迷恋自己的意见，迷恋自己的想象，实际上也是一种对事情本身的信心不够，关键是对自己的信心不够。一件事情完成了就要交出去接受公评，因为信心不够，又不知道下一件事情有多难，不如把这件事情没完没了地干下去。这样既耽误了自己，也耽误了大家，没有完成的事情就不是事情。一人如果完成一件事情，就又可以去办另一件事情，有能力的人就是有决断力，事情做完一件又一件，不怕事，不推事，也不挡事，一定让任务完成。这样自己有出路，社会也有出路。所以说“拖泥带水之累，病根在一‘恋’字”。

事情办不成的人在小事上纠结迷恋，事情办得成的人会在大事上掌舵。小事上随缘，随缘的意思就是能跟人家合作，能听得进人家的意见，能改变自己的做法，能忍耐别人的脾气，能接受不完美，关键就是有耐心，而且能决断。所以说“随方就圆之妙，便宜在一‘耐’字”。

“恋”是对自己的弱点的迷恋。执着于此，拖泥带水，不能谋断，成不了事的。“耐”是对别人的弱点的承担，能耐得了烦琐、无理、粗暴，撑得过去，事情就办成了。

11. 真知无愧难

求见知于人世易，求真知于自己难；
求粉饰于耳目易，求无愧于隐微难。

这两句是在说人有无限的成长空间，也有根本性的真正智慧。首先，你有多少能力，最终能让人家钦佩你多少，这些是有客观现实基础的，所以让人家正确地了解你，在实现上是不难的。但是，你有多少理想，自己是否已经尽全力了？或者你有多少潜在的可能性，自己是否都能挖掘出来？或者在精神的压抑中，自己真正在乎的事情是什么？这些，就连自己也未必说得清了。所以说“求见知于人世易，求真知于自己难”。因为既有的，就不难于公评，而尚未发生的，必是难于确断的。

其次，你有为恶的念头，甚至已经有了恶行，但是为求避祸，早就布置好了安全网，也就表面上能过得去，耳目上没有被揭底，这是可能做到的。但是，这并不是有智慧的行为，扪心自问，这确实是不对的事情，结果自己内心没有愧疚感是不可能的。所以说“求粉饰于耳目易，求无愧于隐微难”，因为欺骗世人容易，欺骗自己是不可能成功的。

就成长空间而言，永远不要小看自己的潜能，关键就是立志、决心、意志力，一个人拥有超强的意志力，有洞见，有决心，他就能够清清楚楚知道自己要什么，从而最终就能够得到什么，这就是能力的无限可能。所以人要敢做梦，要敢付诸行动。

就内在的智慧而言，每个人都有一个真诚的自己。提起真诚的自己，对于日常生活的纠正矫正，没有不能看清楚的，随着自己的良知与好恶，走自己的路，做自己的事情，负自己的责任，人人就都能做到为社会负责，并且无愧于心了。

往往自己的潜能自己并不了解，很容易被外界所遮蔽，所以，人不要事事迎合别人，追随别人，要有自己的创意，要敢于突破自己。另外，自己的真心，别人不一定明白，但是自己一定要明白，不要别人以为是怎样，自己就以为真是怎么样，只有自己真诚地认识自己，自己的人生道路才算是迈开大步了。否则，尽做些自欺欺人的事情，然后自己良心不安，或做些非己所愿的事情，到老后悔莫及，不如做些对得起自己，会让自己快乐的事情。人的一生，道路都是自己走的才有价值，才值得回味。若是为了人前表演过关，等于空有此生。

12. 勿多一心

能轻富贵，不能轻一轻富贵之心；
能重名义，又复重一重名义之念。
是事境之尘氛未扫，而心境之芥蒂未忘。
此处拔除不净，恐石去而草复生矣。

这一条是说一些人在追求超越世俗的价值，但有时候未必真正能够以超越世俗的水平表现出来，如果不是真正洗涤净尽，而是带着表演的功利心，那最后还是陷在世俗的牢笼中而已。“能轻富贵，不能轻一轻富贵之心”，在成长的道路上，无我与利他永远是生命境界提升的方向，利他是生命成熟的表现，无我是自我修炼的途径。生命既然在于利他，那么自己的富贵就不那么重要，同时对于富贵之人，也不会视之为人上人，这就是重新建立了个人的价值观。但是，虽然如此，观念是这样才对，却无须轻视富贵之人，也无须轻视他人求富贵的行为，“轻富贵”只是我们自己改变了成长的方向，而不是别的富贵之人就要被我们轻视。真正的成就不在富贵，还需要另外去追求，并不是轻富贵就完事了。然而，有些人却会沉浸在轻富贵的心态中，以为自己轻富贵了，就是高人一等了，于是心念中、口说中就不断地在表达与显露，这将使得富贵中人遭受人格屈辱，也会使得正在追求富贵的人受到指责，这就把自己变成刺猬了，伤人了，而不能算是自己有修为。而他除轻富贵以外，其他实在的事情一点也没干。

“能重名义，又复重一重名义之念”：“重名义”是重道德仁义的行为与美誉，但重点是在有仁有义的行为本身，而不是对这个价值观的宣讲。行为当然来自实际的态度，但实际的态度就是内化在行为上的，而不是把态度外化在众人面前，强迫别人去承认自己有仁有义的美名，例如指责别人没有仁义之行，或标榜自己的仁义之行，这其实就是好名。好有德者的仁义美名，这已经是贪念的呈现，而不是仁义之行。

“是事境之尘氛未扫，而心境之芥蒂未忘。此处拔除不净，恐石去而草复生矣”：这就是过去自己重富贵的习气没有扫干净，而又对自己没有仁义的作为没有洗干净，这样的“不能轻一轻富贵”与“又复重一重名义”，都会变成只是外表的姿态而已，就是为了做给别人看的表演而已，实际上没有自己的行为落实，只是把这些价值揽在身上紧紧抱住而已，这就变成只是好为人知。这样的话，种种伪饰、造假的行径就会跑出来，表面上追求了一个价值，实际上来了一个恶习。

《菜根谭》看世事太透彻，人心无法逃其法眼，一不小心，都是赤裸裸地在人前显露。所以，人要本真，才会有一个真实的人生。

13. 行为的轻重虚实之间

市恩不如报德之为厚，雪忿不若忍耻之为高，
要誉不如逃名之为适，矫情不若直节之为真。

“市恩不如报德之为厚”：“市恩”是借由给人恩惠而向别人要求回报，其实是为了回报而去施恩，所以叫作市恩，本质就是做生意。这种恩惠别人是必须还的，对别人而言，反而有负担了，对自己而言，根本就是挂着心机的给予，这种行为不做也罢。不是人不能助人，而是人不能市恩，因为你的笑脸带着奸险，这是让自己堕落的作风。市恩不如报德，市恩是给得虚假，报德是给得真诚。报德是感念别人之前的给予，别人无意于要自己报答他，别人只是做了为人处世该做的事情而已。但是，我们自己受了恩惠，必须放在心上，当我们有能力或有机会了，就要回报，用心于此，人就真了。

“雪忿不若忍耻之为高”：人生在世，多有人妒忌，多有人陷害，其实没什么大不了，人嘛，都很小器而已，不必太计较，不要把别人的恶行当作自己的事业去计较，甚至去报复，这就是把别人堕落的事情揽在自己的身上了。既然为恶的是他人，就让他人享受快感就好，你可以不必奉陪。因为你的人生还有别的要事要办，因为一时的挫折只会更强化了你的能力而已。以为可以达成了却被别人破坏，这件事情就表示出你必须成长的高度尚未达到，还要再加倍地努力，以追求别人无从破坏的境界，到了那时，无人伤得了你，当然也无“雪忿”之需了。有时，他人确实伤害了你，使你重挫，而你必然想要再起，再起之路很多，不一定要过仇人这一关，换条路走，追求不一样的目标，把恶人想夺走的东西都让给他，另辟一条路通常会跑得更远，跳得更高。与人冲突，“雪忿”，直接对撞，结果就是生命力的消耗；把它忍下来，把愤怒化为成长的动力，学会了一个新本事，读懂了一套新理论，开创了一家新公司，建设了一个新天地，创作了一部新作品，这些成就，都是自己久久长长受用的。所以，“忍耻”可以再生，“雪忿”却是自杀，何必为之？而且，在你“雪忿”之时，人家也会再度攻击你，形成两方对打的局面，世人不知真相，孰是孰非难辨，于是自己的声誉遭损，无形中丢掉的福报不少，何必呢？其实别人未必得利，以言语行径伤人，他自己也同时受害了，因为他的人格扭曲了，他整天摆着一张臭脸，身心俱疲，这种可怜虫，你又何必“雪忿”于他呢？

“要誉不如逃名之为适”：“誉”是别人心中隐微的流动，偶尔流出为你所知，誉不适合成为公众的展览品，让相关不相关的人都知道。老子说：“天下皆知美之为美，斯恶已；皆知善之为善，斯不善已。”誉还是留藏在别人心中的好，公开表现出来了，还不知道会招引多少有的没的麻烦呢！因为有人会忌妒，有人会反感，更重要的是，自己主动“要誉”，所为何来？岂不是缺乏自信的表现吗？岂不是贪心不足的显现吗？挂个虚名在身上，好像乞丐招摇过市，生怕别人不知道自己的匮乏而已。

“名”就是这样的东西，人人想得，也就人人见不得他人获得。你得了，只会遭人忌妒而已，实力才是最重要的，成长才是最重要的，比你厉害的人知道你有能力才是唯一重要的，不必会了什么、做了什么都要弄得天下人皆知，惹一堆虚名，还会遭忌。还有，想要攀附的人不明就里、不知虚实也会来搭讪你，你会忙得不得了，时间被无聊之人占用，何必呢？不如逃掉一些虚名。实至名归时逃亦无可逃，但总有些可有可无的虚名不必挂在身上，逃了就省事了，省去闲杂无聊之事，就多了有用的时间可以来学习与创造。只关心成长的人就会一直成长，只想着虚名的人就会沽名钓誉，沽名钓誉者很好笑，衣穿得帅帅的，脸堆得笑笑的，手抬得高高的，腰下得弯弯的，眉毛不时上扬着，然而，一旦有人挡住了他的名誉之途，他就会立刻变脸，像撒旦一样凶恶，其实这才是他的本质。所以，名誉这档事，君子避之为妙，因为恶徒无不抹脂擦粉以抢攻此路，一旦你涉足其间，就是挡我者死，能不逃吗？逃吧。聪明的人，别驽钝了。只要把事情做好就好，只要学习成长培养能力等待下一个重要任务就好，人际的虚荣之名要逃掉。

“矫情不若直节之为真”：恶徒就是要利又要名的，不当的利益他非要不可，无私的美誉他一样是要的，明明是个骗子，却要装成圣人，这就不能不好好“矫情”一番了，矫情就是人在既虚伪又贪婪时的扭曲之情。其实这真痛苦，因为时时会露出狐狸尾巴，就必须即刻换装变身变脸假装，再把错误丑态遮掩掉，多累呀。一些小朋友可以欺骗，老于世故的人是骗不了的，于是就一直矫一直扭一直假一直装，人啊，何时才会做回自己呢？

做个真人，就是实实在在，不为利益而堆笑脸，不为避难而扮假脸，不为贪念而装圣脸，不为权势而露善脸，人什么态度就什么脸，什么心思就什么脸，这样，脸上线条就不会复杂，皱纹就来得慢，年纪再大，看起来还是平滑的一张脸，永葆青春。一些人未老先皱，就是假表情做得太多，不是真心的流露，而是虚矫之气使然，就必得要牵动肌肉线条，那不皱死了才怪。不信大家自己做做看，你真心地笑了，是胸中腹中之笑气自然上脸，脸上肌肉不怎么牵动，却展现出让人看了舒心的笑脸。若是假装在笑，则只有脸上的肌肉在动作，全身腰腹没有同时的震动。哭也是一样，真正难过得哭了，腹中胸中都在动气，脸上自然悲情，没什么牵动脸上肌肉的。若是演哭戏，内心不苦，就只有拉脸皮来装哭，这样岂不又皱了脸皮？人变老、变丑，就是因为演戏太多、假戏真做而皱出来的，人，切勿矫情，而是要真情，该喜则喜、该怒则怒、当乐即乐、当悲即悲，心意舒畅、永葆青春，否则，一脸奸相，又老又丑。

14. 看轻富贵，处好贫穷

富贵是无情之物，看得他重，他害你越大；
贫穷是耐久之交，处得他好，他益你反深。
故贪商於而恋金谷者，竟被一时之显戮；
乐箪瓢而甘敝缊者，终享千载之令名。

官场、职场中人，要追求的是把公家的事情做好，而不是在官场、职场中攘夺权势利益，那就变成了追求自己的富贵，而不是百姓顾客的福祉。官场、职场中的上位之人，都已经有高俸禄，温饱早就不是问题，甚至说宽裕都不为过。但是人心不足蛇吞象，若站上高位的目的不是造福人民，而是自己的利益，就会不断地争抢，向人民强取豪夺，向更上位者输送利益，取悦讨好，逢迎拍马，一心为了自己的富贵。殊不知，这个阶层的人际关系最是无情，稍一闪失，便被打入冷宫，遭受疏离，稍微站错边，地位便一落千丈，人人避之唯恐不及。为什么如此冷漠？因为只求自己利益的族群是从来不会关心别人的。站上高位，本应为百姓谋福利，他们却只会追求自己的利益，于是结党营私，把事情留给忠臣良将去做，自己霸占高位，控制资源，享尽超额的资源利益，没事还欺负一下好人。你加入这样的族群，就是加入了蜂虿之党，有好处大家如苍蝇嗜血，有坏处则大家落井下石。这就是为什么《菜根谭》此处说“富贵是无情之物”，其实，富贵与无情没有直接的关系，而是做官的人只求自己富贵而不顾天下安危之时，他的心中最是无情的，如果你也是热衷于此，那你准备接受最无情的人际关系的考验吧。看似上去了，大家都来道贺赔笑，稍一失足，大家都避你如瘟疫，你看得它重，它就害你愈深。所以，为官志在人民，升降抱以平常心，得失不必看得太重，富贵只是在上位者自己的虚骄身段而已，贫穷无妨。其实没有贫穷，《菜根谭》不是要人追求贫穷或接受贫穷，富贵与贫穷是一组相对的概念，“富贵”指的是侵占了天下人民的资源的高层中的一撮人物，“贫穷”指的是在官场中各安其位认真踏实服务人民的好官，其实他们也不贫穷，都有薪水了，日子也十分宽裕，只是不做亏心事，不贪不当之财，安住于本分而已。但就是这个安住之心，却是能承担天下重责大任的肩膀，能持久，能耐劳，能托付，见危思义，临危受命。这种人是天下安定所需的人才，对得起自己的良心，人生中时时日日都过得心安理得，自然身体健康，长命百岁。

以上，从官场中说富贵与贫穷。若从商场中说，道理依然。做生意首先将本求利，然后就是振兴实业、利益天下，这样做生意跟做官一样，就是在照顾百姓。如若不然，玩弄金钱游戏，放高利贷，富贵一己，却侵夺天下人的钱财，无情于世间，这样的人，也不会有朋友了。为了保护不当得利不会闪失，人情浇薄了，亲朋不往来了，孤独地过着富豪的日子，无情于世间，也得不到人世的温情了。一旦有事，触犯法令，自遭灾难。若是将本求利之后，再度振兴种种事业，但都是造福人民，免费提供，或是物美价廉，不求自己的暴利，而是利益与顾客共享，这样的人就是这里所说的贫穷，其实也不是穷，只是不求不当暴利而已。这样心安理得快乐温暖的日子，岂不长长久久。

15. 你的话题就是你的欲望

谈纷华而厌者，或见纷华而喜；

语淡泊而欣者，或处淡泊而厌。

须扫除浓淡之见，灭却欣厌之情，才可以忘纷华而甘淡泊也。

人应忘纷华而甘淡泊，但这并不表示不做事，更不表示不做大事，而是不计名利权势，只做大事却不计利益，这时才有所谓的忘纷华、甘淡泊可言，否则，一无机会，二无条件，平平庸庸，何来忘？何来甘？有英雄气概者，皆欲谋大事成大功，有机会就上高层占大位。然而，人间世界，位高层者多权臣小人，君子不喜，为了撇清关系，便刻意表示厌纷华、欣淡泊，其实，只是为了自己形象的维护，以为纷华者多贪欲，而淡泊者实清高。所以，谈之而厌之，语之而欣之。然而，这时仍是形象的维护，而不是真有境界，因此，只为清名而有的言谈，在真实情境中不一定能守住，一见纷华就又好羡慕了，一处淡泊自己生厌了。所以不必言谈话语，练功就好了，言谈的话题其实就是自己的欲望。不论你主张什么，主张只是演示出来的姿态，话题正是不可遏抑的冲动，把纷华淡泊拿出来谈，就是一心求官、欲望奔驰，但又好持清名、爱摆姿态，于是挂在口边，时时浸淫，永志不忘，不论是否主张厌纷华、甘淡泊，其实就是爱官好名以致不可遏抑。朋友，聪明的就不要打开话匣子，你的话题就是你的欲望，注意你的话题，比你聪明的人早就看出你的欲望，因为你一直在泄露。

16. 真人不露相，露相非真人

酞肥辛甘非真味，真味只是淡；
神奇卓异非至人，至人只是常。

好酒好菜佐料丰盛，把你的味觉占得满满的。老子说“五味令人口爽”，又说“驰骋田猎令人心发狂”。也就是说，感官的需求过度满足，这是会引起巨大的欲望，甚至会焚身，因为自制不了时，就过度放纵了。所以说“酞肥辛甘非真味，真味只是淡”。实际上就食物来说，每种食材都有它的原味，放了太多的佐料，固然满足味觉，却不知食物的原味了。在不放任何佐料的情况下，食物的真味才得以品尝到。它是各有奇特的唯一真味，而不是佐料的千篇一律以刺激味蕾为主而已。

人的能力有高下，能力高者就是能够轻松地完成任务的人，完成了就放下，再去做别的事情，而不会一直停留在事件的现场，兴奋，发泄，宣传，热闹，这就是心不平、力不相称，所以需要情绪的消耗。实力不足又好强，想装得也很行时，就会神奇卓异，刻意标榜，特立独行，在正常的情况下无能凸显，只好诉诸不正常，不正常是神奇卓异，引人注目，但究竟办了什么事情？不知道。究竟有什么能力？不清楚。所以不是真正有能力的人。正常是轻松平常就把事情办好了。真正有能力的人，都是简单办事、不会宣扬、不会兴奋，办完就结束，根本就不引人注目。

17. 淡泊而有气节

藜口苋肠者，多冰清玉洁；衮衣玉食者，甘婢膝奴颜。盖志以淡泊明，而节从肥甘丧矣。

此段文义是说，粗茶淡饭的人家，人品多高洁，丰衣足食的人家，多甘做人奴。因此勉励人们要有志气，以追求自己的理想为尚，而不是一味攀附高位，因为这就必须对位高者奴颜婢膝，乞求赏赐。结果固然宅第愈大，家用愈多，却没有了自己的人生理想，只成为别人的工具、狗腿而已。

其实，人不是不能登上高位，也不是不能锦衣玉食，只是，这些应该是追求理想的副产品，是辛劳工作的正当报酬，而不能变成人生追求的目标。若是如此，便会只是为了求富贵而忘了公理正义。高位者很多为己私而求，跻身高位、攀附高位就多半会参与私利追求的集团，为了一些不当利益的赏赐，上位者要你做什么你就做什么，都不顾是非。《论语》有言："小人难事而易说也。说之虽不以道，说也；及其使人也，求备焉。"你跟他利益与共，他什么都好说，牺牲百姓福祉更无妨；一旦他要你为他的利益奋战的时候，你绝对不能拒绝，就算是牺牲了荣誉、道德，违背了法律、正义的事情你也得干，而且还得干得显露高兴的神色，这就是卑膝奴颜，因为你自己就是为利益而来的。

如果是为做事、为理想而来，不去攀附，心安理得地实事实做，有多少用多少，也不至于贫穷，"藜口苋肠"只是形容淡泊简朴的生活情调，绝不是三餐无以为继，这样还可以多学习、多做事、心情愉快、身心健康。所以，人一出社会，就要有自己的理想，理想是想要为社会做一些有意义的好事，借由自己的专长去做，找一个基地老实踏实地做，简朴淡泊却有志向。要是没有这个志向，就会一心只想攀高附会，你的尊严就会被践踏了。

18. 不过苦不偏枯

忧勤是美德，太苦则无以适性怡情；
淡泊是高风，太枯则无以济人利物。

人是要有立足点的，立足点就是利己之需。人都要先利己，利己而不损人，自己稳住了，你的心理就正常了。如果社会有需要，如果自己能力可及，那就去利人利己，利人利己就是善。善就是促进社会进步，而自己也获得成就。人必须自己先顾好自己，这时就需要忧勤，有忧患意识，又勤于学习、勤于成长、勤于服务、勤于做事，只是要你勤，不是要你苦。你不顾自己的立足点，始终处于艰苦的情结中，自己也不开心，人家见你也觉得很累，需要你帮忙的话也开不了口，有好的机会也未必敢推荐给你，所以你要活得宽裕，只是勤劳，不是清苦。活得宽裕，无形中会有好的机会，可以为社会服务，可以与人合作事业，人家乐于亲近，你也有机会更上层楼。

淡泊是对不当利益的淡泊，不是对社会公益事业的淡泊，不要看到好处就闪边，不一定有好处的。但是，好事要愿意做，小事要认真做，一定有好事可做的，你根本不必理会有没有好处，既然不理会了，就不必对好事淡泊。好事不能淡泊，有人做事，社会才会变好，只为自己清高而不沾社会公益，哪有机会改善社会呢？好事要有人做，坏人要有人带，事情成功了，自然有人出来抢功劳，这时候淡泊就好了，这才是真淡泊。

有能力的人都是要济人利物的。你就是既要济人利物又要美名，才会虚娇一下说不想要美名的，其实根本就没什么美名，就是看不到美名，又想要轻松易得的美名，干脆挂个免战牌，以示清高。追求这种美名，这就是虚假的淡泊。好人都免战了，社会如何变好？不管有名没名，好事就是要去做的，这才是真淡泊。

19. 心平了境界就到了

出世之道，即在涉世中，不必绝人以逃世；
了心之功，即在尽心内，不必绝欲以灰心。

人都活在人间世，但有人会想出世，为什么想出世？什么是出世？出世就是不再以社会体制的成就满足为自己追求的目标，不再以社会体制的角色扮演为自己生命的本分。出世就是认识到有永恒的生命在天地之间，不是现实世界的权势名位能比拟的，可能是道德的信念，可能是死后的生命。因为找到了比世俗价值更大更高的理想，从此只管自己的理想，只做自己要做的事情，对他人的评价好恶不再关心，对世俗的胜负优劣不再动心，在那永恒价值的面前，现实的一切利害考虑都失去了分量。这就是出世。

但是，人再怎么出世，人还是活生生的一个人，人还是活在世间，还是活在职场上，还是活在家庭中，如果真有出世之心，在家庭、职场、社会的任何行止进退，就不会再有好胜心、不会再有忌妒心、不会再有利害心，根本就已经无心，因此怎样都可以，不会被得罪，不会被伤害，不会被侮辱，不管别人对你做什么，都没有分别心了，这就是真正的出世了。不然，就还是对于世间的林林总总有好胜优劣好坏大小之心。有这些心情不是不对，世间中人有的，孔孟都有，这就是有价值有理想有目的的人的人生态度，这就是忧患意识，忧患百姓的生活困苦，因此努力去做，追求现实社会的理想。但是出世之心就不同了，在永恒的世界里有你终极的向往，现实的一切都是暂时过渡的历程而已，在此处无心，才真正展开了永恒的生命之旅，若是在此处有心，那就不是出世了。

因此，出世不是表演给别人看的出世，不是开始素食，不是开始剃发，不是住到僧院，不是整日念经打坐，不是有这些行为就是真正出世，而是对世间的角色没有执着才是真正出世，所以才说“出世之道，即在涉世中，不必绝人以逃世”。若是“绝人以逃世”，就是对世间的爱恨情仇好恶优劣牵挂不断，割舍不了，必须眼不见才为净，必须入山林才逃世，这就还是心思不净。所以出世其实不那么简单，并不是外在行为的表现到位就是出世，而是真正深入内心的坚定才是出世，所以说“了心之功，即在尽心内，不必绝欲以灰心”。不是啥事不做，而是事事都做，却事事无心，该做的事情都要做，帮助别人认真负责，这都是该做的事。只是做这些事情的时候没有自己的功利心就好，没有想要因此得利、升官，只是做着自己本来该做的事情，而对世俗的利益并不贪求，只要忠诚于自己心中永恒的价值信念就好，对世俗之事都“尽心”，这就已经了心了，“不必绝欲以灰心”。因为人都还是活生生的人，都还在人间世界的家庭、职场讨生活，出世没有那么了不起，了不起的是在人间世。了不起在人间世就不是出世了，出世就是人在人间世，但一点也不觉得了不起，这才是真出世。不争就是出世，不是让人家知道自己出世，这又争了，争一个比世俗中人更清高的地位，这样出世了吗？一点都没有，只是换一个招式欺世盗名而已。

人都好争，连谦虚都要争个天下第一；人都好名，连出世这种事都拿来争名。出世就是在世间晃来晃去，但在利益荣誉的竞逐场上成了隐形人，人家不知道你境界到哪里，有多厉害，这就是真出世。

20. 交友言谈之道

交市人不如友山翁，谒朱门不如亲白屋。
听街谈巷语，不如闻樵歌牧咏；
谈今人失德过差，不如述古人嘉言懿行。

把世俗的好胜之心、利益之心放下，人心就清净了，这时候人是很有创造力的，做什么事情都可以看透本质，在精致的事情上都可以发挥长才。做人如果都只看到眼前的利益，都在计算得失，这个时候人就会非常俗气了，行为上“交市人”“谒朱门”，情绪上执着于“听街谈巷语”，心思上置放在“谈今人失德过差”，不如此议论天下一番，不足以满足自己的帝王心态。然而，一个有用的人都是在自己的岗位上很有用的，既然很有用，就已经有了成就感的满足，就不会有以上的行为。上面的行为就是没用的人在干的，这些人在岗位上做事就是虚晃一招，导致内心非常没有自信，但他们都会显现得很厉害的样子，因为往来无白丁，整日“交市人”“谒朱门”，一天没有品评天下英雄，好像自己就不是好汉。这样的人，很假。但是，世人多是如此。如何革除恶习？就是勤劳，努力工作治百病，治心病。在努力工作中，实力日日累积，信心时时在握，多出来的时间就只想休息一下，“友山翁”“亲白屋”“闻樵歌牧咏”，没事读读“古人嘉言懿行”，印心一下，砥砺一下，频频点头称是，完全明白了解，洞悉周遭人事心思，但是不会去搅和，因为他的日子是实在的日子，该做的事情都做好了，他的世界正在前进，而假人的世界是只闻楼梯响，不见人下来。其实，再多表面虚荣的事件，抵不上实在的人一件一件地实事实干。

21. 心平气和者福气自来

性躁心粗者，一事无成；心和气平者，百福自集。

人要成就事业，就要有实力，有成事的专业知识，有所需的人际关系和人才储备，有对时势环境的透视，以及知道事情发展变化的过程。每一个环节都是细心静虑才能分辨清楚的，每一个步骤都是要心和气平才能处理妥当的，所需要的是强大的综合能力。当各方面条件都具备以后，出手处理之时就是要协调所有的条件，让它们在有机的组合下健康地发展，此时，细微地观察现象的变化就是最重要的步骤，该快则快、该慢则慢，该高调则高调、该低调则低调，毋意毋必毋固毋我，此时若不能平心静气地审时度势，而是个人英雄气稍微放逸一些，可能就会招来破坏的力量，而使事情功败垂成。这种情况的发生，通常就是对于不该得罪的人因为自己的骄傲而得罪了，不该疏忽的环节因为自己的兴奋而疏忽了，不该做错的项目因为自己的粗心而做错了。其实，这也算是一个人的本事不到位的结果。本事不只是专业技能，本事更包括人际关系、环境掌握、情绪控制、资源条件的宏观调控，不能处理这些重要的事情，就会在关键的时刻败下阵来。所以日常生活中的心理素质的培养是重要的，平常时期基本功夫的训练是重要的，它们都是要靠心平气和的心理状态才能达到。

所以，平时没有修养的人是成不了大事的，“性躁心粗者，一事无成”。他的心理控制的机制太弱了，微小的事情就情绪高涨，没有等到事情完成就把情绪发泄出去，兴奋导致疏忽，骄傲导致伤人，放逸导致错误。相反，若不是如此，始终谨慎小心，大气不敢吐一声，只是一心专注，一直踏步向前，没有多余的情绪用在不直接相干的事情上。这样的人，“心和气平者，百福自集”，他的心愿会达成，因为他会有助力，他的阻力会最少，所以他才是那位最终把事情办成的人物。

《人物志》就告诉我们，最高级的境界就是平淡。平淡之人才是智慧最高、最有能力的人，因为一切事情都在可以控制的范围之内，不需要兴奋、动怒、发泄。所以，要做大事先炼心，但其实炼心之前就是要把能力提升到最高，而提升能力还是在于努力工作，每天努力工作的人，自然心平气和，大事可期。

22. 大事聪明与大事懵懂的不同

大聪明的人，小事必朦胧；
大懵懂的人，小事必伺察。
盖伺察乃懵懂之根，而朦胧正聪明之窟也。

“大聪明”是有智慧处理大事的人，把政策方向定清楚，把重要人事布局好，把流程进度管控好，这就是他的心思要用力的地方。至于联系要用哪套系统工具，文件要用什么材质颜色，会场容纳人数多少……许许多多的细节，未必需要十分精察，这让干练的干部去做决定处置好了。这就是“大聪明的人，小事必朦胧”。有些领导者缺乏谋略大局的能力，本身就是技术人员出身，只会计较字体几号大小、机票报销流程、上课点名，却对大政方针、识人之明、情势演变没有直觉的透悟，管理的指令都在小事上，以显官威，但指令也不怎么高明，一般的行政人员都可以看出弊端，这就是“大懵懂的人，小事必伺察”。大事已经不行了，不在小事上发发威风，岂不是就完全没有存在感了？

原来，做人做事聚焦要准确，做大事的人，小事要放下，否则不足以在大事上精察。人在小事情上颐指气使，就是他的能耐只在此处，所以说“盖伺察乃懵懂之根，而朦胧正聪明之窟也”，是因为他知道力气要放在哪里。作为领导者，就是事让人为，而不是自己抢着做，然后霸占资源，这样的作风不是领导者而是老大作风，只是资源抢夺者而非资源创造者。创造资源要提出新的政策，要团结众多的人才，在有效管理的架构下，众志成城。大家都有活干，而不是自己在小事情上骂这个骂那个，以逞威风。因此，在小事上的雍容大度，其实是“朦胧正聪明之窟也”。

23. 富贵与聪明的真谛

富贵家宜宽厚，而反忌克，是富贵而贫贱，其行如何能享?

聪明人宜敛藏，而反炫耀，是聪明而愚懵，其病如何不败?

富贵之家资源丰富，想做什么都充裕得很，那么，就应该多做善事，多多助人，对人宽厚，让更多的人得享安康。这是因为做人就是要来做事的，人生就是要来助人的，资源就是要来给予的。唯有这样的价值观，这世界才会美好，人间才不会有许多悲剧。为了这样美好人生，一个人一旦自己富贵了，以上这些美好的心愿就都能追求了。但是，他若没有这样的思想，而只是顾着自己的享乐，甚至没有善待他人的慈爱之心，对待别人就会刻薄。刻薄是心态匮乏者的表现，富贵者不应该心态匮乏，富贵宜在心，并非物资丰富、财产众多就是富贵，心态不宽厚，待人不慈爱，就不是真富贵，他的内心还是匮乏的，所以才说：“富贵家宜宽厚，而反忌克，是富贵而贫贱，其行如何能享？”既然内心是匮乏的，这些资源财富的使用就只能是保守而小器，故步自封，就谈不上大开大阖，成了怕人窥伺的小气财神，既然如此，又能享受到什么呢?

什么是聪明?能为大家解决事情叫作聪明，而不是小事情做得好叫作聪明。聪明有大聪明、有小聪明，小聪明只顾好自己，大聪明是照顾了大家。既然要照顾大家，就要同时照顾大家的心理，即在帮助别人的同时，又要谦虚下人，这就是敛藏。帮助别人却在炫耀，这样的聪明与能力就是自利而已，为追求自己的虚荣心而作为，殊不知，这样炫耀的结果只能让人不喜，就没有真正照顾到众人，岂不是愚懵吗?人既不喜了，也就不爱被你帮助，你将来就没有服务的机会，也就没有成功的好事可为，岂不是败了?所以说:“聪明人宜敛藏，而反炫耀，是聪明而愚懵，其病如何不败?”关键就是，聪明是能为大家做事，大家乐于让你为他们做事，自己服务落实、成就落实，却谦虚下人，这以后就还有更多的好事等你去做、去成就，你就一直不败了。

所以，能力都是用来助人的，聪明与富贵都是能力，若不能用来给予，就是错用了这些能力。

24. 自己先君子

信人者，人未必尽诚，己则独诚矣;
疑人者，人未必皆诈，己则先诈矣。

待人处世，胸襟要厚实。厚实者，能承担，能成事。厚实就是待人厚实，宽厚实在，与人相处，首重诚信，“人而无信，不知其可也”。答应的事都不去做，这样的人在社会上就没有用，人家不会和他合作，他也没有机会办成事业了。所以，要讲信用，但是，自己讲信用时，别人不一定讲信用，那么合作时怎么办呢？这一条说的就是这样的情况。原则是，自己还是先采取相信的态度，按照约定的路去走，如果别人后来不守信用，至少自己做到守信，虽有损失，至少信誉不失，跟另外的人还是可以合作的。而对方，则会陷入人人不信的窘境，只有刀尖舔血、嗜欲深重的恶徒才会跟他合作，但这是极度危险、易遭灾难的。只能说是对方自己的选择，而君子不为。一次失信，下次不会再合作，如此而已。世上不会人人无信，只要自己有信誉，未来的道路条条是坦途。这就是“信人者，人未必尽诚，己则独诚矣”。

为了保护自己不受损失，为了抢夺更多的资源，在与人共事的时候，先设想别人可能的破坏，自己先设下重重的限制条件，让别人先付出沉重的代价，无论如何自己不肯损失，再怎么样都不愿意事先付出，使得别人很难跟自己共事。这样的人，事事计较，难以信赖，无法与众人合作，很难成就伟大事业，只能在很小的格局中做事。虽然自我感觉良好，却没有大格局，这样的人，有格局者一眼看透，不会跟他大谈合作，这就是“疑人者，人未必皆诈，己则先诈矣”。

做人，要厚实，厚实就有创造力，不要悭吝，悭吝是没有未来的。要做大格局的人，不要做小格局的人。诚信走遍天下，疑诈寸步难行。

25. 去人欲存天理

躯壳的我要看得破，则万有皆空而其心常虚，虚则义理来居；

性命的我要认得真，则万理皆备而其心常实，实则物欲不入。

做人要放下物欲，但是要拿起理想。放下物欲，就不会犯错，不会被人伤害；拿起理想，就会常常知道正确的道路，一生顺遂。这就是“躯壳的我要看得破，则万有皆空而其心常虚，虚则义理来居”。“躯壳的我”是指什么呢？就是讲求我们住的房子要有多好，多少间房，什么材质，什么地点；我们穿的衣服要有多少套，什么材质、颜色、功能、款式、品牌；我们吃的东西必须是什么，什么价位，什么产地，什么制造；我们开的车子必须是哪种汽车，哪个厂牌、等级。总之，讲求一切用在物质我的需求上的东西，就是“躯壳的我”，我必须要照顾好躯壳，但是对躯壳的照顾是为了人生意义的追求，也就是“义理”。所以，得到躯壳不是目的，若把它当成目的，拼命争抢的同时，待人的真诚、做人的道理、求道的努力，就都看不到了。所以，“躯壳的我”要放下，不执着、不硬来，让心灵有巨大的空间，去追求义理。

做人要有目标，要追求人生的理想。既然智慧高、能力强，又有社会地位，就必须认准自己的角色，谨守自己的责任，这样，日常生活处事之际，涉及个人生活条件以及利害关系的时候，自然不会看得太重，而都是以把事情做好为第一优先。这样的人，让别人好招呼，绝对不会难伺候，生活简朴，工作效率高，态度良好，不发脾气，这就是“性命的我要认得真，则万理皆备而其心常实，实则物欲不入”。

“性命的我”就是讲求自己的责任、价值观、服务的精神。认真于此，成天想的、做的就是这些服务与成长的事情，生活上的躯壳的需求就会降到最低，“物欲不入”。人在高端理想上的追求越注重精神，在低端物欲上就越没有要求。反之，在低端物欲上要求得越多，高端的精神就越没有品位。

第七讲

培养福德

《菜根谭》是孔孟的理想与老庄的智慧有机结合之下的宝典，出发点就是要改善社会，让世界变得更好，过程中渗透人性种种善恶机巧之辨，懂得如何应对人性之恶，透过深刻的观察与体悟，最终还是积极入世的态度。为了把事情做好，既能坚守理想，又能避开人性的邪恶，还能逃脱人世的陷阱，最后创造社会建设的良好效果。既为自己，更为社会带来福祉，本讲是《菜根谭》中谈人生智慧的最高境界，它透露了如何将为人处世、待人接物的道理融会贯通。

1. 百福万善在念心

立百福之基，只在一念慈祥；
开万善之门，无如寸心挹损。

人都追求福气，都想有福报。福气、福报是什么？物质丰裕吗？地位崇高吗？这些都是。但是，能够获得这些东西的道理是什么？这就要回到人生的意义上说了。人生的意义，就是追求成长，而成长就是因为要去服务，所以要成长。所谓服务，就是让天下人都过好日子，这就需要去领导他们。要领导他们，先要为他们服务，做好了服务，人家乐于接受你的服务，结果你讲话有人听，做事有人帮，事能成功，心里舒坦，身心健康，这就是福气、福报的指标。这样的人，做事顺遂，自然物质丰裕、地位崇高，而关键就在服务。服务的人生观就是儒家讲的仁爱之心，所以说“立百福之基，只在一念慈祥”。一念慈祥，事事待人宽厚，处处为人着想，利益社会大众，社会自然回报给你尊贵的地位、丰裕的物质。一句话，先帮助别人，自己就会有福泽。

人要帮助别人，怎么帮？帮助别人是目的吗？其实再深入地想，这不单单是帮助别人，还是帮助自己。因为，自己是有理想的人、要做大事的人、有格局的人、为了社会美好而努力工作的人，所以自己才是目的。要成就自己，就需要帮助别人，因此在帮助的时候，想的不是别人的回报，而是自己的成长。越能助人、越有能力，越有能力、越能助人，把这个关键点想清楚了，自然不会在别人的态度、回报的问题上去计较了。因为，目的不是别人，而是自己能做成什么事情，把事情做好是唯一的目的，所以说“开万善之门，无如寸心挹损”：想着自己如何把事情做好，就能态度从容、犯而不校，“开万善之门”，不是表演做好事，而是认真做事，利益众人，实现理想，“寸心之挹损”。

2. 做事有理想，待人有技巧

操存要有真宰，无真宰则遇事便倒，何以植顶天立地之砥柱！

应用要有圆机，无圆机则触物有碍，何以成旋乾转坤之经纶！

人在社会上扮演重要的角色时，应对进退、处事应物都要有把握，“操存”指的是碰到是非利害时的处置，“应用”指的是指挥沟通交流合作时的待人原则。

“操存要有真宰，无真宰则遇事便倒，何以植顶天立地之砥柱”讲的是自己的目标要清楚。“真宰”即理想、价值观、人生观，以价值观作主导，碰到是非自然知道对错，是非要争。碰到利害自然知道好坏，利害要让。否则，众人的是非不争，自己的利害计较，这就不是服务的人生观，也不是有理想的人的做法。掌握是非，不计利害，自然能够领导群伦，顶天立地。

价值目标清楚，永远不变。但是做事的态度方法却是要随机应变的，这就是要有“圆机”。圆机是对别人的状态了解，体贴，宽厚，适应对方的需求，配合对方的做法，让对方舒服地和自己合作，事情才能顺利走下去。否则，自己原则太多、要求太多、规矩太多，其根本是欲望太多，或是太懒惰、太威权，这样什么人都不好跟你合作，就是“触物有碍”了，这里不行，那里不好，这样如何合作成事呢？所以说“应用要有圆机，无圆机则触物有碍，何以成旋乾转坤之经纶”。我们是来做事成事的，不是来显官威、展威权、享尊荣的，搞这些东西的人都做不出大事。

3. 去掉名节与留下污名

完名美节，不宜独任，分些与人，可以远害全身；
辱行污名，不宜全推，引些归己，可以韬光养德。

人越是到了高层，就越要明白，高层中人的贪欲更是炽盛，人性中见不得人好的心态愈加明显，愈高层利益就愈大。而“完名美节”便是攫取利益的武器，人人要抢。然而，心怀天下百姓的君子，想的是百姓的利益，而要追求百姓的利益，重点是自己要有权力，要获得授权以施展才干。那么，没有名节如何获得授权？况且一旦获得授权、完成事功，又会遭人忌惮，领导忌惮，同事忌妒，反而引来不利的局面。如何避免这些？一招就是要把美名往外推，或是“分些与人”，让他人亦尝受美名，他人就不会忌妒、忌惮你，甚至会暗中欣喜，感激于你，你做事也较不易遭人掣肘，因为人家也有好处了。

美名是事功换来的，实至名归，但小人不顾廉耻，一样也要美名，若他得不到，你便会遭他的毁谤。美名何能让你独享呢？你岂不站到他头上去了。此时要明白，君子是来做事的，事情要办成，百姓才可以得利，百姓得利就是君子从政的目的，而不是光自己得享清名，这件事要看透。有人忌惮你就不易办事，没有人想找你麻烦，你才办得成事，你有条件、有才能、有资源、有权力，可以大展身手了，但一堆小人等着分一杯羹。所以，从一开始就知道必须要给，小人摆明要利，给他利益，他就乖顺了，甚至帮你助威摇旗，说不定帮你挡掉你看不到的灾难，因为他等着你给他的利益。利益不要舍不得给人家，名和利都可以给，不扯后腿就行。你不为名来，也不为利来，心中扫得干干净净，只剩百姓的利益，那就是完成事功的保障。而功名让与别人，这事功百姓就可以扎扎实实地得到了。许多君子太看重自己的事功，其实是更重视自己的美名，容不得半点瑕疵。小人见你清高，你越是成功，他岂不就遭殃了。若君子一开始就明白，事办于己，名利予人，这样天下就没有人会来拦着你做事。事情办得成，不会遭毁谤，也不独享名节，既无灾难，又能全身而退。做事的道理就在这里。哪个地方没有小人？所以要明白：完名美节与人分享，可以远害全身。重点在远害。名节会带来灾难，不是你不能拥有名节，而是小人不能分不到名节。君不见，愈是小人，荣名美节愈是堆满仓库，在你看来都是虚假的，但你不能戳破，你得舍得送美名予人，你就能“远害全身”。这就是“完名美节，不宜独任，分些与人，可以远害全身”。

“辱行污名，不宜全推，引些归已，可以韬光养德”是什么意思呢？小人重名好利，分得到名与利，就与你同登荣榜，分不到就污辱你了。把你归为小人的同党，你就没有比他强了。他口水战全胜而归，你就要让他赢。“辱行污名”不重要，比你厉害的人知道你真、你行，他假、他不行，就不必辩了。让他去说吧，笑笑不否认。下次干活时，厉害的人还是找你，因为只有你办得成事，小人是不行的。他没练过真正的武功，只有嘴皮子。留着一些污名在身，其实不是“污名”，只是小人的口水，这不是防君子，是要你防小人，因为小人就是见不得人好。

“韬光”就是遮蔽自己的荣耀，把精力省下来，用功读书学习，准备做事业，而小人正享受荣光，忙着办庆功宴，就不会再来烦你了。为百姓谋福利才是真正的战场，真正的战场要赢，口水战不是你的战场，不是你的战场的战争要输，这才叫作双赢，小人与你双赢，很好笑吧，但这才是美德，“养德”。庄子说“才全德不形”，本事要有，荣耀不需要。可惜儒者不太能这样想，总要辩个君子小人，结果君子整天与小人斗，君子还有时间服务百姓吗？跟小人打仗都来不及了，维护自己的清誉都来不及了，百姓且等等。然而，百姓这一等，等了多少年？

与人共事，要注意免遭人忌妒，若遭人忌妒，便不好做事了。事办不成，功业就没了，自然就不是有福德的人。若要办成大事，则需要众人之力，即便是以自己出力为主，别人也有助力之功；即便没有功劳，也有苦劳；即便没有苦劳，也有不劳而获的心理。总之，事情办成，分功赏爵之时，切莫忘了周围的同事，若是自己一人独揽全功，肯定遭忌妒，以后会有人背后中伤你，更会破坏你的事业，让你不能成功。所以事情办成，多多益赏，小人是不嫌功劳多的，君子需不贪功，也不能成为傲慢无礼的人，那就把功劳分多一些给别人，皆大欢喜。既然事情已经办成，你的地位将在异口同声中稳固，地位稳固，下次再受任，又可以成大事业了。因此，不必计较小人无功受禄，小人就是来捣乱的，能够让他受禄而不乱，这就是你的智慧，把它当作事业成功的必要成本好了。天下没什么事情是表面不公平的，表面不公平的事情常常才是真正的公平，因为君子想的是天下安危，小人只想自己的利益而已，要功业者得功业，要功劳者得功劳，皆大欢喜。小人不坏事才是最重要的。

世上小人多，辱行污名之事多有人干，干辱污之事者喜欢更多人一起干，才显得此事有理，才免于罪恶感。君子干事，为天下公益，故而高洁其行，若是辱行污名绝不肯沾，这个高高在上的形象就易于与群众脱离，一旦脱离群众，做事将无人支持。为免于此境，于是一些无伤大雅的“辱行污名”也不必澄清，被别人无谓地牵扯也不必去澄清，宁可被别人当笑谈也无妨，人家还觉得你是正常的人，不是圣人，也不会没事找众人的麻烦，也就与你为善了，你也就免于被小人因畏惧而恶意中伤的命运了。历史上懂得这样的智慧的人不少，不让自己一味地“完名美节”，反而不遭人忌，获得安全，一味地“完名美节”，恐怕最有权力的人都要对付你了，何况是小人。你都能力那么强了，名声又如此之高美，岂不我得让位于你了，所以危险就来了。因此，不推“辱行污名”正是“韬光养德”的智慧。

4. 君子必须立德立言

春至时和，花尚铺一段好色，鸟且转几句好音。
士君子幸列头角，复遇温饱，不思立好言，行好事，
虽是在世百年，恰似未生一日。

春天一到，百花放，小鸟唱，它们都借着春天的好风光而展现美姿。

君子亦然，本来就是要为社会服务的，好不容易挤上高位，就像花鸟到了春天，自然要展现美声艳姿。一个人站上高位，如果只是想着自己的权势，还是一味地向上要钱、要权的话，就不美了。如果周遭都是小人，自然相互团抱、结党营私，见不得好人成功，然而，这个才华就用偏了，没有利益众人，只是一己之私，白白浪费了自己的才智，没有为社会多增加一些东西。

人都说要为社会服务，但力气都用在攀升高位上，几乎都忘了初衷。这一段文字不断提醒身处高位的人，要不忘初心。人过了四十，就要过“给”的生活，不要再过“要”的生活。四十岁以上的人，愈早过“给”的生活的人，就是愈有智慧、愈有福报的人。

这就是“春至时和，花尚铺一段好色，鸟且转几句好音。士君子幸列头角，复遇温饱，不思立好言，行好事，虽是在世百年，恰似未生一日”。

所以，一旦人生有幸崭露头角，过上了好日子，走上了顺境，就像走到了春天。人为什么不在此时绽放光彩，让周围的人更好一些？但是，如何能让周围变好呢？那就是多帮助人，说好话，做好事，否则你活得好好的，却对周遭环境没有贡献，对周围的人没有帮助，这不是浪费了目前的好境遇、好资源吗？若是愿意讲一些好话，承担一些责任，乐于鼓励别人，这些都是顺手就可以完成的事情，就是对周遭环境有所贡献。做人应该做一些好的事情，有利社会，有利他人，这样的人生才有意义！更何况是自己处在顺境中的时刻。

我们应该把生命的意义和人生的价值看清楚。人生的价值在于有能力为社会服务，越付出，越快乐，自己的生活也会更加顺利。当然，有能力的前提是愿意学习，而学习就要用心，肯花时间，沉得住气，耐得住性子，学养到位了，就有能力为社会服务，这样，人生的意义就建立起来了。

5. 诚恳与圆融

作人无一点真恳的念头，便成个花子，事事皆虚；
涉世无一段圆活的机趣，便是个木人，处处有碍。

做人要实在，实在就是态度诚恳，老老实实，把事情做好，让事情顺利完成。若不是这样，老是想要多贪一些，偷懒一些，事情做得丢三落四，人家看你就不真诚，不可信赖，每件事都办得不像样，这就很遗憾了，这人在社会上很难有大用。

做事要灵活。人在社会上做事，面对社会百态，碰到状况，要能灵活变通，不要死心眼，非怎样做不可。孔子说过，毋意毋必毋故毋我，唯义所适。儒家又讲通权达变，都是要我们圆融灵活机动不窒碍，为什么有人不愿变通灵活呢？可能是懒惰，所以不肯花心思；可能是骄傲轻视别人，所以不肯给人方便；可能是不聪明，所以无法应变，这样的人事情不能多做，格局不能打开，自己把自己限制住了。如果事事都是顺顺利利照旧就好，这社会不会有进步，肯定要退步，过去成功的经验一味地复制，殊不知环境不断变迁，只想要重复的人，一定是要失败的。

6. 君子的德量

好丑心太明，则物不契；贤愚心太明，则人不亲。

士君子须是内精明而外浑厚，使好丑两得其平，贤愚共受其益，才是生成的德量。

对必须要做的事情，不要去计较它是容易做还是很难做，反正都是该做的事，就好好做。若是心里总想着别人都做容易的事，我却在做困难的事，这样做事就不会尽心了。人生就是来做事的，在做事中度过一生，而不是在摆烂消磨中度过一生，把事情做好了，有能力、有信心、心情愉快、身体健康，这是人生光明的样态。“好丑心太明，则物不契”，就是对眼前事物的个人好恶太强烈，计较得失，计较利害，没有好处就不想去做，这样就不会把所有该做的事情无论如何都做好，反而在个人的喜怒上用力，错失了把事情做好的时机。

“贤愚心太明，则人不亲”，人有智愚贤否、灵巧笨拙之别，聪明的人好共事，愚拙之人难役使，但是人是来做事的，做事时要待人，做事是人生前进的目标，待人却是人生丰富的指标。如何待人，能看出如何做事，做事固然是人生的目标，但做事是为了人们而做的。做事做的都是人的事，人的事就是要人来做的，做了就是为人好。所以，要善待你带领的团队里的人，不论贤愚，都要人尽其才，用他能用的特质部分就好了，做事要让你的下属成长，让你的客户受益，这才是待人的目的，也是做事的目的。然后，一旦你做了事情，创造了资源之后，兼善天下人之时，天下人更是智愚贤否、参差不齐，甚至不见得会感激你，但他们所有的人都是你要给予的对象。因此，对于他人的贤愚之别，也不必在表情上显示出来，更不要在嘴巴上说出去，就是给了就好，你有智愚贤不肖的分别之心，人家也会有不肯受禄的傲气，你就给不出去了。

所以，“士君子须是内精明而外浑厚，使好丑两得其平，贤愚共受其益，才是生成的德量”。对事对人看得清清楚楚，不管做什么事，没有分别心，不好逸恶劳，不贪功求快，不非一本万利不可，不求必能事半功倍，事情该怎么做就怎么做，但一定办成事，让与自己合作的伙伴心安。不管用什么人做事，都知道他的能与不能，他能的让他做，他不能的自己补位，总之事情一定办好，从而利益所有的人，这样，人事也就自然处理好了。

什么是君子？希望社会进步，贡献自己力量的人。如果做事挑事、待人挑人，这样的人做事怎么称得上圆满呢？又怎能让社会进步呢？

7. 应该让别人如何对待自己

使人有面前之誉，不若使其无背后之毁；
使人有乍交之欢，不若使其无久处之厌。

与人相交，易重己德，总喜得人赞誉，那么就要事事为人表率，时时为众谋利，如此才可有人前之誉。然而，若事事为求个人之誉己方才为之，或任何行动都以能得人誉才欲为之，这样一来，自己的行动就受限制了。有些该做的好事，可能因为一时得不到赞赏，做起来就不那么带劲；有些虽然会得到赞赏之事，却会因为自己过于求得赏誉，而让别人观感不佳，这样就会有背后的毁谤，这就表示为德不足，也就不是因为德行而受赞誉，而是刻意表现德行而讨赞誉。这样受你对待之人，岂能没有感受？做任何一件好事，好好待人是其中的关键，不论做多么伟大的利益大众社会的好事，社会上的好事都是众人完成的，你虽然是带头的人，但是没有整个团队的全力付出，事情也完成不了，你的功劳也建立不起来，所以团队的合作是事业成功的关键。团队中人都是普通的人，每个人有一两样特定的专长而为此事业所用，也有数不完的缺点掺杂在做事的过程中，这需要领导人的智慧化解。如果唯事情成功为目的，压榨谩骂自己的团队，这在众人面前虽有事功而受誉，但团队里面却会有怨言了。虽然社会的事是利益大众的，是能使自己得受赏誉的，但自己太求这个事功，以至于只重事理而不顾情理，既然对共事者不重情理，而只顾自己的事功，只顾求人前之誉，那么背后的毁谤岂能避免?

做事是为了人而做事的，既为社会大众，也为共事者。团结大众谋求社会的进步自然是大功一件，自然得到社会的赏誉。但若只顾事功赏誉，而不顾团队人情，压榨、呵斥、践踏、鄙视伙伴的尊严，这种人不是真心爱护社会，只是自私自利的小人。

可知人做事，既重目的，也得重手段，目的是眼前的事业，手段却是终生的毁誉。这就是“使人有面前之誉，不若使其无背后之毁”。不是不能有面前之誉，而是更要注意背后之毁。前者表现在事功之有无，后者表现在待人之诚伪。

“使人有乍交之欢，不若使其无久处之厌”：乍交之欢易使，不过就是场面上的礼貌热情即可获得，一时的人际关系靠礼貌，长久的人际关系就靠修养了。修养就是人品的自然流露，它是一个时时的作为，没有预演，没有排练，没有暂停，没有下台，一直挂在脸上嘴上的自己的最真实的状态。一时的相处，大家礼貌过场、互相尊重，这是“乍交之欢”的修养。但长久的相处，宽厚待人、时刻关心，这是更实在的修养，“无久处之厌”，这是要练的。一时的修养，要求一下，自己易于做到；永久的修养，不是要求一下就好，而是时时刻刻的仁德之心、善良之心的付出，若是不能做到，相处久了都露出马脚，恶习缺点如瀑布奔流，久处生厌，与“乍交之欢”判若两人。不是不要乍交之欢，而是不能只有乍交之欢。

8. 浑然不漏是安乐之道

膻秽则蝇蚋丛嘬，芳馨则蜂蝶交侵。
故君子不作垢业，亦不立芳名。
只是元气浑然，圭角不露，便是持身涉世一安乐窝也。

有不当得利之处，可以一本万利之时，能够假公济私之际，可以损人利己之事，这些场景必是小人蜂拥而至之局，这就是“膻秽则蝇蚋丛嘬”。这些场合，君子不为。为何不为？因为有失公道，而且搅和的都是贪鄙势利之徒，君子不欲为伍。另一种情况，做了得荣耀的事情，十分风光，喜欢锦上添花的人都跑过来了，赞美道贺祝福，却花掉你的许多宝贵时间，浪费了你的精力，这就是“芳馨则蜂蝶交侵”，别人的参与，成了交侵。这两件事，都没什么好，跟上来的都不是什么优秀的人物，有智慧的人不花这些力气交际应酬，那就要“故君子不作垢业，亦不立芳名”。“作垢业”，自己贬损了自己，交到坏朋友，改天惹祸上身。“立芳名”，自己抬举了自己，就会被小人盯上，改天自己被引诱去堕落了。总之，招引到的都不是正人君子。因此，“只是元气浑然，圭角不露”。保全自己，该做的事情做好，不当的事情不去争，美誉的事情不去争，实力雄厚就好，每天缓步稳定成长，对社会有用就好。美名利益都不需要，都会引来负面的伤害，因为人心都不足，都易于忌妒别人，你好过头了，他就不满了。只要自己实实在在，实力在己，人与事都离不开你，你的地位就是稳固的，没有一时的虚荣暴利不会怎样，人没有用才会怎样，人若有用，任何时刻都需要你，你的存在就是安全的，你的生命就是扎实的。你的命运掌握在自己手中，便不会因为事情做过了头而招致险难。这“便是持身涉世一安乐窝也”。

9. 生命寿昌之道

事事培元气，其人必寿；
念念存好心，其后必昌。

人的身体是能量护持下的延续，所以要培育它，这样便得长寿。如何培元？早睡早起，注意饮食，作息正常，劳逸有度，这就是“事事培元气，其人必寿”。以上都是针对身体的部分，但一个人能够这样善待自己的身体，必定也能善待自己的心理。若是心理状态不好，懈怠堕落，或是为恶多端，那么以上这些治身的方法他也不会使用了，因为在欲壑难填的情况下，必定是会同时滥用身体的。所以，培元固本、健康长寿还得有心理修养的配合，一个人待人存心善良，没有别的心理负担，要培元固本的心思就有了。并且不只如此，你善念待人，人必不伤你，你事事助人，人必念你恩情，心存感激，这个感激未必一时能报，等他有能力了，也可以报在儿孙，那就是“念念存好心，其后必昌”。

一个人能顾好自己的身体与心理，就是因为他是一个自足圆满的人，对外在世界的利益不看重，对自己身命的圆满有智慧，既有庄子的潇洒，又有老子的圆熟。

10. 招福远祸之方

福不可徼，养喜神以为招福之本；
祸不可避，去杀机以为远祸之方。

福祸无门，唯人自招。人都想招福和避祸。然而，世事多变，人心难测，不论做了什么，都难以预期结果是福是祸。其实，什么是福？什么是祸？福者，心想事成，生活安稳。祸者，突然灾变，诸事不顺。福谁都想要，祸谁都想避。然而，人生在世，福祸的出现，都系于他人，不能与他人维系良好关系，福将不至；能与众人保持良好关系，祸将不至。所以，得福之本在善于维系人际关系。如何维系？满足别人的需求，好说话，善意待人。然而，在任何特定的关系中，不论如何做，都不能保证一定招人喜，不能保证一定事事顺。但是即便如此，上述的态度还是要持续，不能更改，也就是永远保持善意的态度，这就是“养喜神”。养喜神要自己心态开放，乐于与人接触，态度温和喜悦，这样的态度，别人就易于与自己善意互动。在互动中，许多不知道的讯息获得了，或者有利的机会提供了，有些危险的局面被提醒了，甚至可能的灾难被挡掉了，因为人们对你有好感，这个好感，就是来自你善意的态度。不一定有明确的事件与目标，就是善意待人而已，竟然无形中坏事避掉了，好事招来了。可见平日善意待人多么重要。善意待人，就是小事认真做，好事愿意做，关心周围的人与事，多一份心主动接触他人，自己心中和乐喜悦，周围的人也就会多关心你、亲近你，这样，就是招福之本了。

为什么会有祸？祸是突如其来的他人的伤害。至于意外，不是这里说的祸，不论是意外的天灾还是人祸。这里所说的祸，是因为人际关系上难逃的结果，于是他人加害的祸事。人家既然决定要害你，自然避不掉，只看如何应对而已。但是，人家为何要加害于你？如果是自己害别人而导致人家要害你，这没什么好研究的，这就是自找的，这就是福祸无门，唯人自招。但就算是自己没有害人，也有可能别人要害你，为什么？人心不足蛇吞象，肯定是别人贪得无厌的欲望导致要抢夺你的资源，而且是以不正当的方式加害于你而抢走资源，这种情况的发生是防不胜防的，这就是“祸不可避”。俗话说“不遭人忌是庸才”，自己事事做好，这是本分也是能力，但这个世界就是有人不甘于人后，也不想自己好好努力，却见不得人好，想要横刀夺功，就来害人了。那么，碰到这种情况该怎么办呢？“祸不可避，去杀机以为远祸之方”这句话的意思是说，对于避不掉的灾祸，好好应付就是，但绝不要让灾难加深，“去杀机”就是不害人，你去害那个害你的人，就是增加他再度加害你的灾祸，这样灾难就没完没了了。我们可以被伤害，因为这样事情就结束了，我们不要去伤害别人，因为这样事情又来了。别人害我们就是一时的贪欲恶心，灾害控管住就行了，对方满足了就好了，事情也就结束了，也就远祸。所以说“祸不可避，去杀机以为远祸之方”。一般人以为有仇必报，其实，你对别人做的事就是对自己做的事，你祸人，别人又来祸你，正所谓冤冤相报何时了。我们有理想肯努力，想要的福气自己努力挣来就好，别人的忌妒之祸，就当作是社会成本。有实力的人就有信心，日子只会愈来愈好，一时受害，其实只是小伤而已，让它过去了就好，继续努力，福分又争回来了。

11. 养德远害之法

不责人小过，不发人阴私，不念人旧恶。三者可以养德，亦可以远害。

“养德”是培养自己在人们心中的良好形象，为人所善待，前提是先善待人。“远害”是对于不可避免的人事纠纷，懂得事先防范，免人过于伤己，前提是自己没有害人之心。以下三件事，同时是养德，也同时是远害：“不责人小过，不发人阴私，不念人旧恶。”

“不责人小过”，直接是远害。但是，不是什么时候都是不责小人过的，如果你是管理者，而且是在公众事务的现场，那么小人之过必须责备并且遏止，否则岂非失职？岂非是非不分？然而，你若不是管理阶层或执法人员，你只是团体中的一员，身边有小人，对任何事情都假公济私，对人都两舌绮语，对事都损人利己，且正在兴头上，这个时候，还要你不责小人过，其实是要你避开险难，冷冷地看在眼里，知道对方的人品，不受其害，也不让对方想要害你，尔后有什么事情要互动，还是可以甜蜜合作，只取其利，不受其害。若是此刻你去责备小人过，当下就与之为敌，以后需要合作的时候也就没有回旋的空间。当然，若是小人转为恶人，而且正在害人，明确地有眼前的弱势者正在受害，那么为了是非、为了公义，我们是必须出面阻止的，否则就是是非不明，就是一个不公义的社会。但若仅是针对我们自己而要小人时，不必戳破，笑笑就好了，因为心知肚明之后，以后不会受害了。

“不发人阴私”，是养德，也是远害。人家的阴私本就不喜人知，不喜人谈，你若知而不谈，表示尊重他，他会报以好意。你若是谈，表示落井下石，践踏他人，他会怨恨你，当场为顾颜面或许不会大声叫嚷，但内心已视你为仇敌。为什么你要“发人阴私”？因为你幼稚，因为你好胜，你不能以实力取胜，而是要以别人过去的失误来践踏他们，这叫胜之不武，小人作风，只会招惹灾难。然而，现实生活中，多的是人们在揭露别人的疮疤阴私，心中窃喜，却不知已为自己招来灾难，最少，福报已经远离你了。

“不念人旧恶”是养德，也是远害，他人有旧恶于我，但这已经是过去式了，现在没有再伤害我，那就仍然可以相处。在新的基础上，该合作就合作，人生向前看，向前走。若是念人旧恶，新的事情就走不到一块儿，而别人知我怨他，揣测我可能会伤他，干脆先下手为强，这样又为自己招来灾难了。

人生的路上，遇到险阻要懂得化解避开，而不是事事正面冲撞，你还有大事要做，不是整天在别人的小人阴私旧恶中过日子。这样的人没有志气，有志气的人在看远方、在看未来，只会广结善缘，对于别人的过错都随他去，对于自己的理想努力付出，自己的心态只会呈现光明，自己的未来只会人缘更好。

12. 现在造就未来

老来疾病，都是壮时招得；
衰时罪业，都是盛时作得。
故持盈履满，君子尤兢兢焉。

做一个人，要从年轻到年老都是有智慧的人，才是一路成功的胜利组。那么，有很多事情不是年轻就可以犯错的，年轻犯了错，老了就要承受。一是身体，一是福德。

“老来疾病，都是壮时招得”，这是讲身体。少壮时如何坏了身体呢？一是作息，二是饮食。作息不正常，表示生活不正常。饮食不正常，表示心理不正常。这些都会伤及自己的身体，年轻时候不觉得怎么样，老了身体就来讨回报了，所以年轻的时候就必须注意照顾好，那就是作息与饮食都要正常。

“衰时罪业，都是盛时作得”，这是讲福德。人在有权有势正当庙旺之时，就是创造事业累积福报最好的时候，借由你手上的影响力好好做事，造福社会，因为人们不是天天都会有权有势的，人生都是起起伏伏的，伏时准备，起时付出。然而，一些没有素养的人，患得患失，伏时哀怨，起时跋扈，一旦得势，就利用手上的权柄盛气凌人，挟怨报复，轻贱旁人，该怎么得罪人就怎么得罪人，把一生的幼稚都发泄出来，这样的人，只会在失去权势以后遭人唾弃。为什么要这样呢？没有素养，不思考人生的意义，不理解生命的价值，就会这样子消耗自己的福德。

所以人在壮时要照顾身体，不要滥用它；人在盛时要累积福报，不要消耗它。“故持盈履满，君子尤兢兢焉。”越是成功胜利时，越是谨慎小心日，因为这也正是易犯最大错误的时候。

13. 两忘俱泯

怨因德彰，故使人德我，不若德怨两忘；
仇因恩立，故使人知恩，不若恩仇俱泯。

对别人好叫作德，喜欢让别人知道我会对他好，这是彰显己德，这样他会得寸进尺，要求我不断对他好，一旦我不再能满足对方的需求时，对方就会埋怨我，这就是“怨因德彰”。既然如此，我对别人好，也不必当一回事，我只是做了我该做的事情，不必希求别人的感谢，这样别人也不会对我又产生更多帮忙的期待。“故使人德我，不若德怨两忘”，忘了德，别人就不会再来索要，若是别人感念我的德，别人会有还可以继续接受帮忙的空间，一旦你不再帮助了，怨恨就出现了，所以，忘德才能免怨。还有一种情况，就是我自己希望别人记得我的帮助，要感谢我、尊重我、抬高我，一旦别人没有照着这样做，我就会埋怨他，觉得他不知感谢，我就会怨恨他。我一方面要帮助别人，另一方面要人家感谢我，再一方面又要责备别人没有如我的期待般感谢我，我这时候就要埋怨别人了，所以还是“使人德我，不若德怨两忘”。

感德与埋怨事小，恩仇对立就事大了。德还只是一般的善待，恩就是性命攸关的大事。我于人有恩，恩做完了就收起来，不要去记挂，不要去索讨，不要去接受报恩，不要让人家觉得我恩情比天高。这样的话，人家的感谢肯定是隆重的，而你自己也认为别人应该隆重地感恩戴德于你，一旦你有这种使人知恩的念头，当别人做不到时，你就会仇恨人家，别人发现你如此索讨报恩时，也会仇视你，你俩就由恩变仇了。这一切，都是自己的使人知恩的念头和做法搞出来的。所以说“仇因恩立”，为了避免由恩变仇，“故使人知恩，不若恩仇俱泯”。这就说明了做什么事情，都是自己愿意做的，没有什么额外的目的，这样就没事了，否则帮助别人也好，施恩于人也好，都是挂着买卖的动机，别人受不了了，就会来伤你的。所以，人绝对是要做事的，也绝对应该善待别人，也应该救人于水火，但就是要做个没有目的的人。这样的人才是心平气和累积福报的人，他就会在做事、帮忙、施恩中自己成长，而不会遭受别人的反噬。

14. 观人之诈侮

觉人之诈，不形于言；受人之侮，不动于色。
此中有无穷意味，亦有无穷受用。

人与人之间的冲突，撕破脸就不易修补了。所以，保持知道但不撕破脸的状态，这样对大家都有好处。当人家对你有恶意，对你施诈，侮辱你时，你可以不反应，不反应就不正面冲突，不正面冲突，以后好说话、好相处、好进退。毕竟，施诈者是在暗地进行，不公开的。而侮辱的言辞，看你怎么解读，除非是破口大骂，如果是暗讽暗辱，自己不一定要反应。“不形于言”“不动于色”就是不反应，不反应的结果就是不扩大冲突，对方发泄完满意了，也就停止进攻了，于是我们自己受到的伤害、委屈也获得控管了。关键是，这些都是私人之间的事情，作为一个有用的人，力气要花在有用的事情上，别人因为自己懒惰、无能忌妒你，于是毁谤、施诈，这都是对方能力不足的表征，而我们生命的能量不必要陪他消耗掉。并且，知道了对方的不足、小心眼、不正道、懦弱之后，我们再次和对方互动时就是不给予、不合作、不交心，保持警戒、保持距离，这样以后也不会再受伤害了。

至于对方，对于我们的不反应，他会狐疑、会不解、会警戒，不敢加码，或觉得加码也没有意义，也就停止动作。对方之所以不断折辱我们，就是因为我们对他的反击，他为了捍卫自己，势必加大攻击力道，如果我们不反应、不反击，对方也就松懈了。

对方之所以继续施诈，是因为我们跟对方还有持续的合作关系，因而让对方不断地得到甜头，如果我们不再合作，给他碰碰软钉子，不冲撞，不说破，但就是不合作了，那么对方也就没有机会再度施诈。于是，一场可能的冲突风暴被止息了，看着对方施诈折辱于我之后的种种反应，无穷意味，有些可笑。而我自己获得了相处交往的主控权，不再受辱被诈，从此往安全的路上行走，受用无穷。

人能做到这样，是因为对人性的透视。人，不过就是这点自私好胜之心，所以会施诈、会侮辱别人，把他当小孩，专心做自己的事，不去搭理，事情就过去了。

15. 好事不宜过头

爵位不宜太盛，太盛则危；
能事不宜尽毕，尽毕则衰；
行谊不宜过高，过高则谤兴而毁来。

人做事，做成了，地位一直上升，这是好事。但是，不要让爵位的上升过于快速，不要让自己的爵位只升不降，而且资源过多，这样，别人会忌惮你，接着你就会有灾难了。凡事不要过度，所拥有的都不要太多，不要过满，做大官为人民服务，为单位服务，为组织服务，为社会服务，为天下服务，那是有能力的人本来就该做的事。但是环境有变，有人想要抢你的位置，希望你赶快下台，这时候你就要看清楚，官做得差不多了，该做的事情都做好了，人事支持的资源都用得差不多了，就不要再为了保你的位子而留在那个地方。因为情势已经转变了，你开始挡了人家的权力之路，这样就会与人形成仇敌，此时，可以退下来就下来，“谢事当谢于正盛之时”。人一定有退下来的时候，因为不能做到老、做到死，后面还有几十年健康快乐自在的日子等着你，不要杵在那里，跟别人起冲突、为敌。在盛时下来，荣耀在身，资源在握，就可以退得从容而安全，而且人家还会拼了命赞美你，舍不得你走，则此时就是走得最美的时候。如果你把你的权位搞得太盛，“太盛则危”，权力太大，上面忌惮你，旁边嫉妒你，下面想要欺瞒你，与你抢夺，就会有很多灾难了。若是在人家已经讨厌你、想要舍弃你的时候，你才想到要下来，这时候荣耀没了，你就走得尴尬而不风光了，这就是“太盛则危”。

“能事不宜尽毕，尽毕则衰”，你有能力做事，做很多事，很多事都是你一个人做完的，别人不是没有能力，也不是不想做事，但你一个人表演，把可以做的事情都做完了。你这样做，显得自己很有能力，做事很认真、很投入。但是，你却是在霸占别人表现的机会，甚至还得为你喝彩，这样，你做这些事情的功劳以及别人对你的感谢都在你占据所有的功劳之中被你自己消耗光，人家不仅不来感谢你，还要来攻击你。所以，“能事不宜尽毕”，不要自己一个人占据所有舞台，“尽毕则衰”，事情做完了，人家也懒得感谢你，只觉得你太好表现。

“行谊不宜过高，过高则谤兴而毁来”，什么事情都是你对，什么好事都是你在做，什么荣誉都是你的，全天下只有你一个圣人，这样别人都是小人了，这样就是虚伪。颁奖、得奖、每年绩效奖都是你，这样是不对的，差不多了就谦让，让别人拿奖，这样才不会被毁谤，人家才不会说你是倚老卖老，占着那些东西不放。“过高则谤兴而毁来”，肯定会有人毁谤你，如果你懂得让，你地位已经超过了那些荣誉，就别再要了。你在基层，人家给你荣誉，你到了高层，就不要再要荣誉。每年那些荣誉都给你，每年都只有那几个名额，你拿了几年之后，以后就不要再拿了，把荣誉让给别人，因为你已经有了足够的社会资源，不需要更多了。

人肯努力，都会有一些上台掌权、享受荣誉的机会，但这些东西是人人想要的，要有自知之明，否则过去支持你的力量可能会变成迫害你的力量，在你最成功的时候，周围小人的矛头可能开始指向你了。所以利用你还全盛的时候，安排好自己的退路，诸事圆满，人要有庄子的潇洒，天下事天下人为，留下一些让别人去做。如果自己还想做什么，那就要以第六爻的心态，使用自己的资源，不用公家的资源，这样还是可以做很多事情，而且做得很好。这时候，你要的就真的只是做这件事情的本身，而无须再搭上一些别的东西了。

16. 心念决定人的命运

仕人心地宽舒，便福厚而庆长，事事成个宽舒气象；
鄙夫念头迫促，便禄薄而泽短，事事成个迫促规模。

“心地宽舒”，指的是待人的宽厚，对别人不多做要求，可以帮助他就帮助他，不断累积别人对自己的善意，以后处处做人做事都有人帮忙，这就“福厚而庆长”，于是做事顺利，“事事成个宽舒气象”。所以待人先自己宽厚，尔后自己做事也多受人助，这样就事事从容宽裕。同时，你做事看得长远，每件事情又能充分授权，为你做事的人受到尊重，自然积极努力，有你处理经手的事业，也就有了宽舒气象。

“鄙夫念头迫促，便禄薄而泽短，事事成个迫促规模”：“念头迫促”是想着自己的好处利益，想着计较别人的是非对错，于是与人相处事事相争，结果人家也必然与你计较，以后做事增加困难，能办成的事情也必须多费力气，这就是“禄薄而泽短”。每件事情都要多花力气，因为到处有人都跟你论斤计两，搞得你紧张忙碌，这就是“事事成个迫促规模”。同时，你做事看小不看大，没有格局，不能放手，所成就的事业也只是规模迫促了。

17. 不争先不斗艳

争先的径路窄，退后一步自宽平一步；
浓艳的滋味短，清淡一分自悠长一分。

“争先的径路窄，退后一步自宽平一步”，在社会上做事，为组织、公家做事，千万不要与人发生私人利益的争斗，在职场上跟什么人争？争什么东西？其实争的都是私人利益的事情。就算是公事上意见不合，也一定可以好好讨论，若是无法讨论，绝对也正是自己的好胜心、习气、利益心导致。也就是说，争的还是利益之事，一旦跟别人做利益之争，以后事情就不好做了，也就是“径路窄”了。为什么“径路窄”呢？因为利益只有那么一点点，他得了你就没有了，你得了他就没有了，你一定要这个利益的话，以后相处起来时这个路就很窄了，就一定会狭路相逢，就会起冲突，你就制造了你的仇人。人在退休的那一天，没有仇人，后面会很有福报；人在退休的那一天，有很多仇人，心情就会很不好，有很多后顾之忧。人在当值的时候，事事退后一步，未来的路就宽平一步，服务跟奉献是不会有人跟你抢的，有人会跟你抢的都只是利益而已。利益退后一步，做事就向前一步，光做事不会有人跟你抢，之后自己的能力一定会获得提升，就算你当二把手配合他人，你还是可以施展你的能力。但若要的是利益，就一定会有人跟你抢，这样斗争就在那里，事情没有办法推进，你还制造了仇人。所以人要平淡一些的好，所以“退后一步自宽平一步”。

“浓艳的滋味短，清淡一分自悠长一分。”朋友相聚的场合，各种互动充满了趣味，情绪浓烈地表现着自我，现场热闹非凡。然而，人的情绪是有限的，下次再见面的时候难以拉到同样的热度，如果还总是要表现出那样的热度，其实真诚未必存在，只是为热闹而浓烈而已，情感可能是疏离得很了。如果相处时可以有多些深刻的谈话，心情虽然平淡，但心意交流了，以后就会想再继续交流，友谊可以持续得更长久。人们有时为了避免聚会的冷场，便尽量炒作许多无谓的笑点，气氛是热闹了，但人心却是不通的，聚会而没有话说只能闹笑，这种聚会便不用参加了，因为时间应该被用在有意义的事情上，要么去学习，要么做服务。若是相聚时能做深心的交谈，至少这些时间是处在学习的状态，那么时间不会浪费，聚会结束时，下次还想再谈。

总之，不要争利益，那么大家好相处，日子容易过。朋友相交，不要光想热闹，要一起做些有意义的事情，这样友谊才会长存，例如讨论时事，研究知识，一起读书，而不是制造无谓的笑点凑热闹而已。

18. 脱凡入圣的做法

放得功名富贵之心下，便可脱凡；
放得道德仁义之心下，才可入圣。

所谓超凡入圣，就是成为人间的极品、众人之俊秀。然而，超凡入圣很容易成为人们刻意标榜的外在形象，凡事刻意为之，自以为超凡入圣，好事者逢迎者也吹捧不已。其实，做事情就是平常心最好，该做的事情做好了就结束，不要期望被高度关注及赞美，这样保持平常心的态度，你反而才是超凡入圣，你不多一颗贪名贪利之心，“功名富贵”是取决于别人的，“道德仁义”是要求自己的，只要去做仁义道德的事情就好，不去追求功名富贵的结果。有能力的人看到了你，他也许不会多讲话，但是他心中对你的评价是最珍贵的，这并不是世俗给你的虚荣，而是别人内心真正的尊重。世俗不见得真的会给你想要的东西，给的时候也不见得你是真的当得的，所以放下这些世俗的虚荣，真有本事就是把事情做好，然后不期待别人的赞誉，这才是真正有本事又有自信的人，这就是超凡入圣的境界了。

人们要追求功名富贵，但功名富贵有两个面向，一个是自己努力达到的社会位阶，另一个是别人眼中的你的形象。人们即便有很高的社会位阶和富裕的生活，表面上看起来是功名富贵俱有，但是没有相应的德行，这在别人的眼中只是暴发户，是无德有位者而已，不会受人尊敬。不管你做什么事，放下这个功名富贵之心，一心以把事情做好为原则，功名到哪里是一回事，事情一定办好，富贵有多少是一回事，别人急难必定相助。这样的人，把公益看得比私利重要，才是真正具有仁德的胸怀的人，他的功名富贵亦不乏，但他的品格意境已经远远超越他的社会地位。这样才是人们心目中真正值得尊敬的人，而不是还在世俗凡尘中。

人都应该有仁义道德之心，然而，行善之际，时常是为了获得有仁义道德的美名而做，甚至自己根本不仁不义，仍要抢夺名声。一个人要做好事，就要放下被夸奖的欲望，放下被标榜仁义道德的心念，真心助人，这样的人已经超越了仁义道德的境界，直达圣境。

19. 在位高者切勿高绝偏急

山之高峻处无木，而溪谷回还，则草木丛生；
水之湍急处无鱼，而渊潭停蓄，则鱼鳖聚集。
此高绝之行，偏急之衷，君子重有戒焉。

作为领导者，必须有容人之量，自己不要摆高姿态，如果自己觉得了不起，对别人也要求高，结果就是没有人能够留在你身边，这样也办不了大事。做领导，就是要自己谦虚，要待人宽厚，要容忍别人个性上的缺点，让别人发挥他的能力就好，而不要计较他们的缺点。这样就能有众人之助力，而成就大的事业。

“山之高峻处无木，而溪谷回还，则草木丛生”：高危的山巅上已经没有泥土了，只有坚硬的岩石，于是树木不能生长，但是溪谷边上的土地，水分充足，结果就是草木丛生。这就是说，自己立场太坚硬，姿态摆太高，别人够不上，就不会留在你身边了。若是谦下待人，则人人可以有个发挥的空间，你身边的人才自然众多。

“水之湍急处无鱼，而渊潭停蓄，则鱼鳖聚集”：水流湍急处，鱼虾不能久留，深渊之水，众多水族聚集。这就是说，自己做事不要要求太严厉，尊重别人的做法，了解别人的能力，让别人可以跟得上，就会有很多人在你身边帮忙。

所以作为领导，就是要让众人可以跟得上你的脚步，你自己也要能够安定部属的心，所以不要好高好胜，“此高绝之行，偏急之衷，君子重有戒焉”。领导者要让别人容易亲近，要聚人，聚人就要谦下，谦下就是让别人在你身边时能够舒服。聚的人越多，能成的事越大，这样才是好领导。

第八讲 家人相处

一个在社会服务大众、培养福德的人，肯定是一个全方位成功的智者。有理想的人，就是为社会服务的人，但如果他自己的家庭没有处理好，就不能全力以赴地处理众人之事。家人之间的互动关系是一种特殊的关系，不比社会中的人际互动，如何处理家人互动，是这一讲所谈的重点。人在社会上不论如何成功，若无稳定平和安乐的家庭氛围，那么他的成就必是外强中干，内心就只是空虚寂寞的，因为缺乏家人亲情的滋润，人生就不圆满了。

1. 家人如己

父慈子孝，兄友弟恭，纵做到极处，俱是合当如是，著不得一毫感激的念头。如施者任德，受者怀恩，便是路人，更成市道矣。

家人就是自己，这世界上唯一愿意为你牺牲自己的是父母。父母爱子女是天性，子女孝顺父母也是人之常情。因为孝顺父母，所以也会爱护兄弟姊妹，因为兄弟姊妹跟自己一样都是父母的最爱，爱父母的最爱就是孝顺。因此说“父慈子孝，兄友弟恭”，这就是一个正常家庭的正常人际关系，所以又说“纵做到极处，俱是合当如是，著不得一毫感激的念头”。不是不必开口说谢谢，而是真心地将对方当作自己，事实上对方也是将自己视为他们自己，这就是亲人之爱。父母一生的努力为了子女，父母老了，子女孝顺，同时友爱兄弟姊妹，这样的人才会有正常的人性，在社会上待人处世，会有真正的爱心。家人之间的关爱，是亲情的真诚流露，人有亲情，就是有人爱，有人爱的人才是正常的人。真诚的爱不是做生意，不是邀功，不是施恩，而是自己爱自己，爱自己的亲人，所以说“如施者任德，受者怀恩，便是路人，更成市道矣”。那就是你们之间有距离、有隔阂，相互之间的对待是一种态度的表现，在展现人格，这样反而不正常了，是为了给邻人看、给社会看的姿态展示。不是亲人之间没有恩德，而是真正的亲情超越了恩德，亲情根本不是恩德，更不是做生意，而是视亲人如己的情，就是待自己而已，何来恩德市价呢？人不能对亲人有发自内心真诚的亲情，对他人就更不可能真诚，一切的人际关系就只是合于礼俗的表演而已，真正碰到利害关系的时候，就是牺牲别人了。人对亲人有真亲情时，碰到利害关系的时候，只会牺牲自己成全亲人。人对于所爱的人，都是牺牲自己成全他人的，也不求回报，求回报又成了施恩市价的“交易”。不是对亲人给予之爱不感激，而是彼此的对待都是如此，不是被路人帮助后的感激，而是自己对所爱的人的无条件付出，且彼此都是如此对待，没什么感激施恩市价之事。

2. 家人关系不可断裂

家人有过不宜暴扬，不宜轻弃。
此事难言，借他事以隐讽之。今日不悟，俟来日正警之。
如春风之解冻，和气之消冰，才是家庭的型范。

家庭是生命的根基，绝大多数人都是在家庭的呵护下成长的，同时也会在家人的关怀中离开人世，因此每个人都需要自己温暖的家。家人相处以和气为原则，古人父子不责善，异子而教，就是这个道理。“家人有过”最伤心，但“不宜暴扬，不宜轻弃”。难言就用别的事情好好地讲，今天不行，反正还有一辈子的时间，好好解决问题，“此事难言，借他事以隐讽之。今日不悟，俟来日正警之”。这样子“如春风之解冻，和气之消冰，才是家庭的型范”，否则在办公室跟同事吵架，回家跟爸爸、妈妈、兄弟、姐妹、太太、小孩吵架，你什么时候可以休息呢？什么时候可以下班呢？在家庭就是要快乐，回到家庭就是进入了今天的第六爻。早上出门前是第一爻，进了办公室见到领导、同事，你的身份就是第二爻、第三爻、第四爻、第五爻，在你自己的那个小办公室里你是第五爻，再大一点的办公室你是第四爻，在更大的办公室，在大领导的眼光下你根本就是被发配边疆的第三爻，在更中央的位置你只是第二爻，在自己的办公桌前你又是第五爻了，但无论如何，回到家以后你就是第六爻。一定要快乐，以快乐为原则，为最重要的价值。家人就是要相让，不要用吵架的方式解决问题。家是相亲相爱的地方，亲情最温暖，已经拥有的温暖不要为了小事去破坏它，人要懂得保住自己的窝。每天有快乐温暖的窝，才能长养福气，人才会有第二天做事的精力，也才能与人为善。人在家中压力太大，到了职场反而要宣泄，这样职场关系肯定不好，钱不能赚多，位不能高升，岂不损失更大。

3. 从容责善

处父兄骨肉之变，宜从容，不宜激烈；
遇朋友交游之失，宜剀切，不宜优游。

“处父兄骨肉之变，宜从容，不宜激烈”：父兄是长辈平辈，骨肉是自己的晚辈，都是个人生命中最亲近的家人。人都是活在家庭中的，血缘亲情的交流是生命的基础，若因种种争执而致生冲突，不宜以割裂亲情的激烈方式处理，因为伤了家人等于伤了自己，伤了自己生命赖以成长的基础，将是永远的内伤。碰到这种状况，务必好好相劝，劝不回头只能接受，不能出手相伤，当作无可挽回的遗憾即可。这样做，往后事过境迁，家人心平气和之时，一家人还是一家人，成长中所有的记忆还能接续，被爱与爱人的情感还能流通，人才不会有不可弥补的伤痛。敌人可以绝交，朋友可以疏远，家人就是自己生命体的延续，不能断绝。

“遇朋友交游之失，宜剀切，不宜优游”：朋友是共学共事的伙伴，人既要自爱，也要爱人，爱自己身边的朋友，让他们成长稳当，共创自己理想的人际生活圈。朋友若有失德之事，宜“剀切相劝”。剀切相劝就是私下好言相劝，不是公然指责，公然指责是为自己的名声而牺牲朋友的荣誉，剀切相劝才是为维护朋友的人生而尊重爱护。朋友和自己有时有竞争关系，若见人为恶堕落，有时会产生幸灾乐祸之情，那就是任由他去，就是“优游”。优游就是不管他，让他自作自受，这就让自己的生活圈变丑了，也让自己的善良人性蒙尘。对朋友要关心，要提醒，要好言相劝，劝得醒最好，劝不醒至少以后朋友回头的时候还会来找你，那时候还可以拉他一把。因为你是有爱心的人。

4. 大学问与大经纶

融得性情上偏私，便是一大学问；
消得家庭内嫌隙，便是一大经纶。

为学就是学做人，学做人来把事情做好，要把事情做好，要有能力，还要有好的心态。能力靠勤奋努力培养起来，心态就要有智慧了，有智慧，事情才想得清楚，为什么要做这件事？为什么要跟这些人搅和？为什么必须善待一些人？道理都弄清楚，配合相应的心态，就能把事情做好。但是，看到别人态度不好，自己心里也不愉快；看到别人做事不端正，自己心中就有怒气。有些人，还特别不能容忍别人的一些毛病，并不是自己完全没有毛病，这样，这里的人际关系就维持不住，一旦维系不住，事情就不好办，甚至办不成。为了顾全大局，本来可以容忍的，本来可以不在意的、可以委曲求全的，为了重要的事情可以办好，本来都可以做到的。但就因为自己个性上特别在意某些事情，例如无法容忍别人的傲慢无礼、无法接受别人的贪得无厌、无法原谅别人的假公济私，甚至根本就是自己的缺点，例如，喜欢贪小便宜，喜欢说人闲话，忍不住要炫耀自己，等等。这些对别人的行为无法接受的事情，以及自己身上的种种毛病，都是自己做事无法顺利完成的关键原因。因为会与他人冲撞，因为会导致别人厌恶，结果事情就被败坏了。这就是“融得性情上偏私，便是一大学问”，必须要改掉自己个性上的缺点，必须要能容忍别人的缺点，才可能在待人上没有冲撞对立，也才可能在人际和谐的前提下把事情圆满地办成。

家人是所有人际关系中最不容易处理的区块。因为家人中人与人的关系是最强烈、最直接、最深刻的。家人之间可以完全无条件地爱护、关照、给予，也可能比路人相处还要计较、刻薄、残忍。所以"消得家庭内嫌隙，便是一大经纶"。为什么家人之间的关系如此起伏动荡呢？因为爱得太深也就要得太多，因为给得太多也就计较得更甚，因为兄弟是同一父母所生也就认为财富应该共享，因为父母无条件地给予，子女也就无止境地索取，因为夫妻都互相为对方付出也就彼此严苛地要求，种种事例，都超乎一般社会职场上的人际关系原理。这里面的亲情是，给的总给得无止境，拿的总拿得无界限，于是分际不存，反生困扰。这些困扰如何化解，需要的智慧比起社会上"融得性情上偏私"还要深刻。需要有更宽厚的爱的给予，才能不计较；需要有更严苛的自我要求，才能不贪求。能处理好这些家庭里的人际关系，在社会上的大小诸事，就变得容易得多，根本上就是小事小忍。

所以，练功在家练，在家练好了人际应对的心法，在社会上就能忍难忍之忍了。

5. 功夫在家里

家庭有个真佛，日用有种真道。

人能诚心和气，愉色婉言，使父母兄弟间形体两释，意气交流，胜于调息观心万倍矣。

调息养气就是为身心的修炼，人们时常外出求教高手，学习涵养身心的功夫。其实，真功夫在家里练就好。家庭的人际关系是最难搞的，因为完全遮掩不了，但家人又是所有人际关系中最不能破坏的，家庭关系搞坏，一个人的稳定度以及截至目前的生活就会都乱掉了。所以，自己扮演家中的真佛，以绝对付出而无条件的态度对待家人，此处能看清人心，还能和气对待，永远保持好脸色，讲话能控制用词，则一家人能舒舒服服。这武功可高了，人情世故通达中，还充满了慈悲善意，能这样对待家人，自然处理社会关系就更为得心应手。因为家人不讲掩饰，通常直来直往，基本就是活在考验中，朋友、同事、路人之间则不然，还讲面子，留个余地，所以家人能处好，对社会上难搞的人就更能处好。

人们总在同事、朋友、同学中处不好人际关系，于是想去参加瑜伽班、静坐班，想让自己静下来，想学习调理情绪的技巧。其实，每天回到家里，跟家人闹脾气、耍无赖，对待家人像对付外人，自己的脾气原形毕露，在职场上当然也还是个小孩子心态，再怎么练打坐瑜伽，都是白练。不如就从家中做起，对同一个屋檐下的父母兄弟妻儿好，对家人的家人如堂表亲家好，这就是练功的舞台，这里坐稳了，外面的人情世故都一眼看明白，容易得很。所以成佛要在家中修炼，不是去外面学习各种课程，标榜勤奋，跟随大师，却从未在自己家中修炼心法。

当然可以外出求心法，可以静坐调息，练练瑜伽气功，但练了首先用在家里，在家中修炼好，成佛了，这静坐调息才算功成。